锂硫电池的性能改进研究

LILIU DIANCHI DE
XINGNENG GAIJIN YANJIU

刘云霞 著

重慶大學出版社

内容提要

锂硫电池具有高能量密度、成本低廉及环境友好等特点，被认为是未来锂二次电池发展的方向之一。但是，硫的导电性差及其中间产物多硫化锂的溶解限制了其商品化。为此，本书对锂硫电池进行了相关研究，如，①采用溶剂转化法合成 S/C 复合物以提高硫的导电性；②研究了有机小分子如苯等作电解液添加剂时对锂硫电池电化学性能的影响；③采用冠醚对负极锂进行保护；④对锂硫电池正负极综合改性，研究了冠醚基团对锂片的保护作用以及 TiO_2 对硫溶解流失抑制作用的协同影响等。

图书在版编目(CIP)数据

锂硫电池的性能改进研究/刘云霞著. --重庆：
重庆大学出版社，2018.5
ISBN 978-7-5689-1112-2

Ⅰ. ①锂… Ⅱ. ①刘… Ⅲ. ①锂蓄电池—性能—研究
Ⅳ. ①TM912

中国版本图书馆 CIP 数据核字(2018)第 110640 号

锂硫电池的性能改进研究
刘云霞 著
策划编辑：鲁 黎
责任编辑：文 鹏 谢 芳 版式设计：鲁 黎
责任校对：张红梅 责任印制：张 策
*
重庆大学出版社出版发行
出版人：饶帮华
社址：重庆市沙坪坝区大学城西路 21 号
邮编：401331
电话：(023)88617190 88617185(中小学)
传真：(023)88617186 88617166
网址：http://www.cqup.com.cn
邮箱：fxk@cqup.com.cn (营销中心)
全国新华书店经销
重庆紫石东南印务有限公司印刷
*
开本：787mm×1092mm 1/16 印张：6.5 字数：120 千
2018 年 5 月第 1 版 2018 年 5 月第 1 次印刷
ISBN 978-7-5689-1112-2 定价：48.00 元

前言

随着人们对能源和环境的日益重视，世界能源格局正逐渐从化石燃料向可持续的清洁能源发展，对高能化学电源的需求也与日俱增。与当今流行的正极材料过渡金属氧化物和磷酸盐相比，硫正极材料具有高理论比容量(1 675 mAh/g)、高能量密度(2 500 Wh/kg)、资源丰富、成本低廉及环境友好等特点，因此，锂硫电池被认为是未来锂二次电池发展的方向之一，将成为21 世纪人造卫星、潜艇、军用导弹、飞机等现代高新科技领域的重要化学电源之一。但是，锂硫电池的实用化仍受到多方面的限制。

锂硫电池最主要的问题是正极材料硫的导电性差及其中间产物多硫化锂的溶解。S_8 的还原或 Li_2S 的氧化都会产生多硫化锂，这些多硫化锂会从电极上脱落，进入电解液中，再扩散到锂负极，与锂直接发生化学反应，并造成锂硫电池内部的 Shuttle 效应(穿梭效应)。Shuttle 效应的存在会造成活性物质的损失、锂负极的腐蚀及电池的自放电，进而降低锂硫电池的循环寿命和库仑效率。为了解决上述问题，作者带领团队对锂硫电池进行了相关研究。

本书在阐述锂硫电池理论的基础上，论述了锂硫电池的组成、相关电极材料的结构和性能、锂硫电池关键材料的设计和制造技术，反映了锂硫电池关键材料的理论研究和工艺技术的最新成果。

本书是重庆工业职业技术学院刘云霞老师从事化学电源教学和科研的总结，在撰写本书的过程中，作者参考了国外的有关专著和国内外大量的文献资料，查阅了《电化学》《电源技术》《电池》等刊物上发表的文献。书中引用了参考文献中的部分内容、图表和数据，在此特向相关作者表示诚挚的谢意。

本书在出版过程中得到了詹晖教授和周运鸿教授的悉心指导，在此特向两位导师表达衷心的感谢和诚挚的敬意，一并感谢武汉大学电化学教研室的各位老师及有机教研室詹才茂教授的全力帮助和鼎力支持。

由于作者水平有限，特别是锂硫电池的生产实践经验不足，书中难免会出现一些错误和不妥之处，敬请广大读者批评指正。

著 者

2018 年 1 月

目录

第 1 章 绪论

锂硫电池的研发始于20世纪90年代，由于种种原因研究趋于停滞。近年来，因其具有不可比拟的高理论比能量(2 600 Wh/kg)和高能量密度(2 800 Wh/L)，重新获得了研发人员的青睐。此外，还具有输出功率高、硫和锂资源丰富、成本低廉、安全性高等优点，锂硫电池已成为储能电池技术竞争的热点之一。但是锂硫电池的实用化仍存在着一系列问题，例如：电池容量衰减快、硫正极的电导率低、中间产物多硫化锂的“穿梭效应”、锂离子沉积及体积变化产生的安全隐患等。这些问题也是目前锂硫电池研究的重点。

1.1 锂硫电池的组成及充放电原理

1.1.1 锂硫电池的组成

锂硫电池与其他电池一样，主要由正极、负极、电解质和隔膜组成。不同的是，锂硫电池是特指正极为硫材料，负极为锂材料的一类电池。由于单质硫的导电性较差,所以硫正极的制备通常要加入电子导体(碳或金属粉末)和黏结剂。锂硫电池电解质按物质状态可分为液态电解质、聚合物电解质和陶瓷电解质。锂硫电池的隔膜一般采用多孔的聚烯烃树脂,如聚丙烯或聚乙烯微孔膜。

1.1.2 锂硫电池的充放电原理

锂硫电池的充放电原理与锂离子电池不同。锂离子电池的充放电过程是 Li^+ 在正负极材料主体骨架结构中的嵌入/脱出,对正负极材料的主体骨架结构基本没有影响,只有微小的扰动。而锂硫电池的充放电过程则是硫正极与锂负极发生的一系列可逆的化学反应过程,在此过程中有新物质生成。

由于锂硫电池在电池开路时硫正极处于充电状态,所以锂硫电池先放电再充电。在放电过程中,负极锂金属先失去电子变成锂离子进入电解液中,再经电解液扩散到硫正极附近,并与正极活性物质硫反应。与此同时,不断移动的电子通过外围电路传递电能。在充电过程中,锂离子和电子又回到负极并将电能转化成化学能。

锂硫电池的充放电过程极其复杂,因为硫可能生成10多种中间产物 S_x^{y-} ($x=1\sim8$, $y=0\sim2$),且这些中间产物之间还存在着较为复杂的转换关系,所以至今该过程仍未有定论。Levillain 等采用现场谱学方法对其进行了研究,结果表明,硫与多硫化物的电化学反应过程在不同的有机溶剂中基本一致,大致如下:

$$S_{8(e)} + 2e^- \rightleftharpoons S_8^{2-} \tag{1.1}$$

$$S_8^{2-} \rightleftharpoons 2S_4^- \tag{1.2}$$

$$S_8^{2-} \rightleftharpoons S_6^{2-} + \frac{1}{4}S_8 \tag{1.3}$$

$$S_4^- + e^- \rightleftharpoons S_4^{2-} \tag{1.4}$$

$$S_8^{2-} + S_4^{2-} \rightleftharpoons 2S_6^{2-} \tag{1.5}$$

$$S_6^{2-} \rightleftharpoons 2S_3^- \tag{1.6}$$

$$S_3^- + e^- \rightleftharpoons S_3^{2-} \tag{1.7}$$

按该机理进行计算，由于硫最终只能被还原成 S_3^{2-}，硫的理论比容量只有 562 mAh/g，而实际在充放电过程中，硫的比容量可达到 1 300 mAh/g。

近来有人认为硫的还原分三步进行：第一步（2.4～2.2 V vs · Li^+/Li）对应长链的多硫化物（S_8^{2-} 和 S_6^{2-}）的生成，在该阶段，由于歧化反应还生成 S_3^{2-}；第二步（2.15～2.1 V vs · Li^+/Li）链长逐渐变短，生成 S_4^{2-}；第三步（2.1～1.9 V vs · Li^+/Li）对应短链的多硫化物（S_3^{2-}，S_2^{2-}，S^{2-}）的生成，见图 1.1。而且，他们还证明生成了绝缘的短链硫化物沉淀，并认为这是导致正极钝化和放电提前结束的原因。

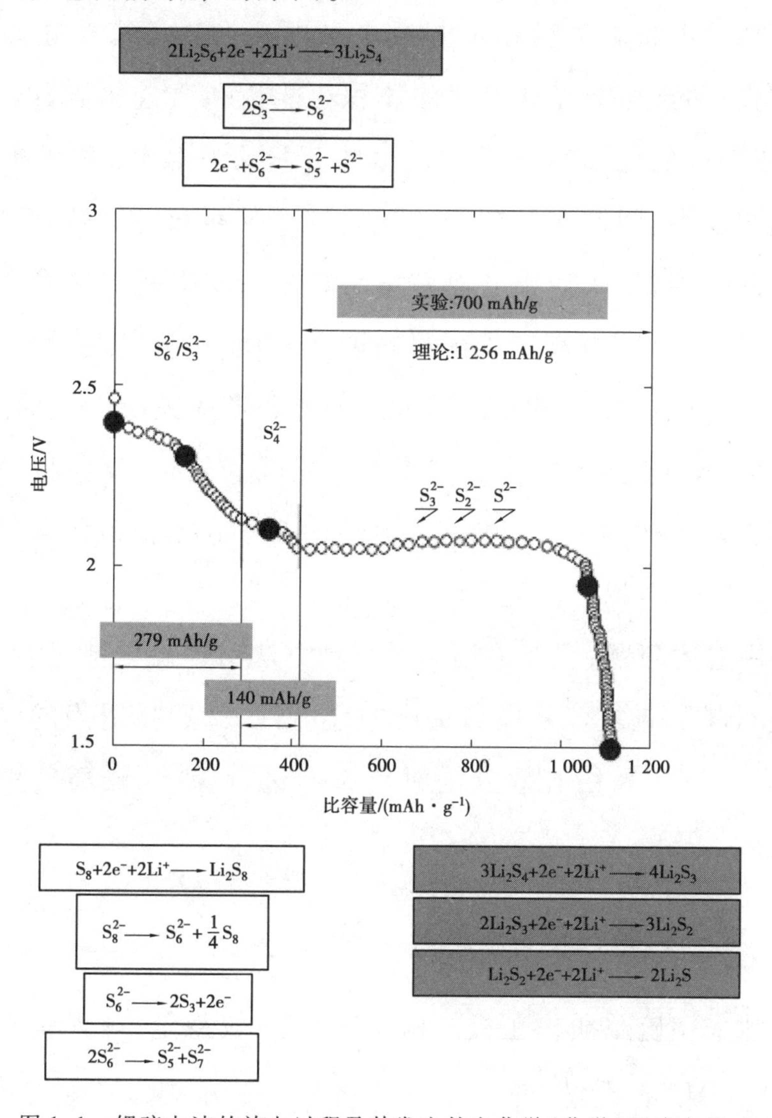

图 1.1 锂硫电池的放电过程及其发生的电化学（化学）反应方程式

1.2 锂硫电池的研究进展

尽管锂硫电池经过不断发展，其电化学性能也有所改善，但锂硫电池的商品化仍存在以下 5 个亟待解决的问题：①硫单质及其放电产物（Li_2S_2/Li_2S）的导电性较差；硫在室温下的电导率为 5.0×10^{-30} S/cm，虽然可以通过向其中添加导电材料如碳质材料或者导电聚合物等来构建导电复合正极，但导电材料的添加会降低电池的体积比能量和质量比能量。②放电反应过程中，正负极的体积变化导致电池的容量衰减较快，负极锂的消耗会使负极的体积变小，同时由于硫变成硫化锂会使正极体积膨胀 20%，最终破坏正负极的结构，从而加快电池容量的衰减。③中间产物多硫化锂溶于有机电解液，虽然其溶解有利于硫材料的充分反应，提高硫材料的利用率，但形成了锂硫电池内部的 Shuttle 效应，会大大降低锂硫电池的库仑效率，增加电池的阻抗。④锂硫电池的充放电过程极其复杂，反应机理仍存在争议。⑤虽然锂硫电池实验室成规模的研究开展较多，但硫的载量一般都在 3.0 mg/cm^2 以下，不利于锂硫电池的商品化。

为了解决上述问题，主要采用以下三种方法对锂硫电池进行改性研究：①采用导电材料与硫复合来提高正极的导电性；②选择适当的电解液抑制多硫化锂的溶解；③采用有效方法对负极锂进行保护，隔离负极锂与中间产物多硫化锂。

1.2.1 硫正极复合材料的研究进展

锂硫电池采用硫单质作正极。硫单质（S_8）较稳定，硫元素在自然界中分布较广，在地壳中丰度约为 0.048%。硫单质还具有高比容量（1 675 mAh/g）、环境友好和成本较低等优点。但硫作电极材料存在一个致命的弱点,即室温下电导率仅为 5×10^{-30} S/cm,导电性很差。为了提高硫正极的电导率,可将硫与导电性好的材料如碳材料、导电聚合物或纳米金属氧化物等复合,进而改善锂硫电池的性能。

(1)**硫/碳复合材料**

碳质材料具有优异的电学、力学、导热性能,可调的孔结构以及良好的表面特性。硫与纳米碳质材料高效复合得到的硫碳复合正极中,纳米碳质材料能提供高效的正极导电骨架结构,在很大程度上解决了硫材料及其放电产物 Li_2S 存在的电导率低的问题;另外,纳米碳质材料的独特孔结构还可调节多硫化物的溶解、穿梭,从而减少活性材料的流失。因此,纳米碳质材料在锂硫电池中的应用研究较广泛。

早期硫电极通常是将硫和碳简单地混合,由于不能使硫碳充分接触,其比容量和库仑效率均较低。目前,S/C 复合物的制备方法得到了优化,通常有高能球磨法、热复合法和湿法复合法。这三种方法各有优缺点,所合成的 S/C 复合物的形貌各不相同。高能球磨法易于实现大规模生产,用该法制得的 S/C 复合物中的硫与碳接触不够紧密,硫及其生成物易从碳的导电网络上脱落,导致电池的极化增大,循环性变差。热复合法是在惰性气氛下对硫碳混合物进行热处理,利用硫熔沸点低的特点,使流动态的硫分子充分扩散并被吸附到碳的孔隙中。用该法制得的 S/C 复合物中硫和碳结合得更紧密,但含硫量不易控制,耗能多,还要求惰性气氛,不适合大规模生产。湿法复合法是先用超声波将碳材料均匀地分散在溶液中,然后利用化学反应在碳的表面原位生成硫,是一种较新的硫碳复合法,用该法制备的复合材料为核壳结构,硫均匀地包覆在碳的表面,且硫的含量还可以调节。

目前,与硫复合的导电碳的种类有很多,有碳黑、碳纤维、碳纳米管、多孔碳和石墨烯等。采用热复合的方法将硫粉与多壁碳纳米管纸共热,得到硫-柔性碳纳米管复合正极,其中硫的载量高达 5.0 mg/cm^2,硫含量为 65%,在 0.1C 倍率,首次循环和第 100 次循环后的比容量分别为1 100 mAh/g,

740 mAh/g。

石墨烯作为二维片层材料的代表,具有和碳纳米管类似的超高的电导率和比表面积,同时石墨烯的制备过程可实现无金属残留,片层堆叠结构可控,因此被誉为“明星材料”,在储能领域,尤其在锂硫电池的正极中有广阔的应用前景。采用 Hummers 法制备氧化石墨烯,并将其与用($(NH_4)_2S_2O_3$和 HCl 原位形成的硫混合,然后通过尿素对氧化石墨烯进行还原,得到具有核(硫)-壳(石墨烯)结构的石墨烯包覆硫(GES)。将该材料用于锂硫电池正极时,在 0.75 C 倍率下的放电比容量高达 915 mAh/g。在 3 C 高倍率测试下,500 次循环后的容量保持率为 94.2%,库仑效率仍保持在 90% 以上,表现出优异的循环性能。可见,石墨烯紧密包覆硫而形成的核壳结构不仅有助于硫与外电路形成良好的电子接触,还有利于锂离子在石墨烯间隙中的良好传递。利用硫化氢氧化法在石墨烯上原位沉积硫制备的碳硫复合正极,在 0.2 A/g 的电流密度下,放电比容量高达950 mAh/g。可通过改变氧化石墨烯薄膜的干燥过程来控制其片层间距,进而改变石墨烯薄膜对多硫化锂的吸附,提高锂硫电池的性能。将硫/石墨烯(S/G)纳米棒整齐垂直排列在导电模块基上,其中每一个 S/G 纳米棒上的硫颗粒能均匀稳固地分布在两层石墨烯之间。该材料这种规整的结构极其有利于锂离子和电子的快速通过,且其分层结构和极大的空隙为充放电过程正极体积的变化提供了足够的空间。用该材料组装的电池表现出极好的循环性能,其首次比容量为 1 261 mAh/g,120 次循环后比容量仍为 1 210 mAh/g。Chen 等将氧化石墨烯与 SiO_2的混合物用聚合物交联后进行炭化、HF 和 NaOH 刻蚀,可制备出具有丰富微孔和介孔的三明治结构的石墨烯纳米炭层。将其用于锂硫电池时,硫含量高达 74%,表现出优异的电化学性能。将石墨烯堆积成三维多孔的石墨烯泡沫用于储硫,可明显提高电池的实际比容量,在 0.1 C 时,锂硫电池 300 次循环后的体积比容量仍为 4.2 mAh/cm^3,循环衰减率为 0.08%/次。

采用石墨烯-硫-石墨烯“三明治结构”作锂硫电池的正极,可不用正极集流体,能有效提高锂硫电池的实际能量密度,同时两层石墨烯结构能构建无障碍的电子和离子通道,有效降低电子和锂离子在电池中的迁移阻抗,与普通的锂硫电池相比,该锂硫电池的集流体、活性物质、电解质相互之间的接触电阻显著减小,接触电阻从1 100.5 Ω减小到52.6 Ω。当用纽扣电池进行测试时,在1.5 A/g的电流密度下,300次循环后的放电比容量仍保持在680 mAh/g,库仑效率仍保持在97%以上,每次循环的容量衰减率仅为0.1%。由于双层石墨烯的共同作用,硫的体积膨胀得到一定的控制,同时多硫化物的迁移也得到阻拦,硫的利用率得到提高,穿梭效应也得到了抑制。在0.3 A/g的电流密度下,放电比容量为1 345 mAh/g,循环稳定性较好。X射线微量分析表明,71%的多硫化物被限制在石墨烯膜中,说明石墨烯膜限制了多硫化物向电解液中的扩散。另外,该正极还具有宏观柔性,能用于构建柔性正极,为目前柔性电子器件研究提出了一个良好的思路。在此基础上,Manthiram等进一步改进设计出柔性一体化锂硫电池正极,他们先将石墨烯分散后抽滤在隔膜上,然后将纯硫活性物质的浆料直接涂覆在石墨烯一侧。这种设计的好处很多:首先,它采用石墨烯作为集流体,不仅可以减小接触电阻,还避免了使用铝箔作为集流体时活性材料质量的增加;其次,石墨烯作为多硫化物的阻隔层,可抑制多硫化物的迁移;再次,硫与石墨烯之间的紧密接触可以降低极化程度,使一体化电极具有很好的柔韧性。测试结果表明,组装成的锂硫电池在1.5 A/g和3 A/g的电流密度下进行充放电,500次循环后的放电比容量分别为663 mAh/g和522 mAh/g,其中1.5 A/g倍率下500次循环后的容量保持率为71.1%,容量衰减率仅为0.064%/次,循环性能得到了大幅提高。

为进一步提高S/GO复合材料的导电性,抑制多硫化锂的穿梭效应,Qiu等采用氨气对氧化石墨烯进行氮化,制备出了高导电性的氮掺杂改性石墨烯材料(NG),并将S纳米颗粒包裹在氮掺杂石墨烯片层中,制备出了高性能的 S@NG 正极材料。用该复合材料作正极的锂硫电池具有良好的倍率性能和循环稳定性，在充放电倍率为 0.2，0.5，1，2，5 C 时，放电比容量分别为 1 167，1 058，971，802，606 mAh/g，在 2 C 充放电倍率下循环 2 000 次后的容量衰减率仅为 0.028%/次。其优异的电化学性能归功于氮掺杂石墨烯优异的导电性及其片层中 N 功能基团对多硫化锂超强的吸附性能。理论计算结果发现，氮的掺杂更容易与中间产物多硫化物形成化学键 N—LiS_x，能有效抑制多硫化物的溶解、扩散，有利于循环过程中活性物质的均匀再沉积。理论计算结果表明 NG 与多硫化物间的相互作用力主要来自 N 与锂离子而非硫离子之间的离子吸引力，且该作用力远强于未掺杂石墨烯与多硫化物间的作用力。

通过固相热解法，以廉价易得的尿素和葡萄糖为碳、氧和氮源，制备了新型氮氧双掺杂的类石墨碳化氮固硫载体材料（OCN），其氮含量高达 20.49%。通过 OCN 与纳米硫复合得到了一类新型的化学改性碳-硫复合正极材料（S/OCN），与 S/g-C_3N_4 正极材料相比，用该材料组装的锂硫电池在 0.5 C 充放电倍率下循环 2 000 次的容量衰减率仅为 0.038%/次，表现出更优异的倍率性能和循环稳定性。这主要归功于 OCN 纳米片材料丰富的微孔结构及其高含量氮和氧功能表面。虽然其导电性较差，但 OCN 载体材料合成简便、成本低廉、环保、易规模化生产，具有较好的产业化应用前景。

（2）**硫/导电聚合物复合材料**

导电聚合物具有离域 π 电子的共轭结构，可以通过共聚或掺杂等方法来强化其导电性。导电聚合物由于具有掺杂和脱掺杂特性、电导率高、比表面积大和比重轻等特点，不仅可直接用作锂二次电池电极材料，还可与硫复合成锂硫电池正极材料。硫/导电聚合物的复合正极材料之所以能改善电池的电化学性能，是因为如下方面：①导电聚合物的导电网络能增加粒子间的接触，可有效提高硫电极的导电性；②复合材料的特殊疏松结构有利于吸附硫及其还原产物，抑制多硫化合物的穿梭，增强电池电极结构的稳定性；③导电聚合物本身具有掺杂和脱掺杂特性，能当作活性物质来提供部分比容量。导电聚合物如聚丙烯腈（PAN）、聚噻吩（PTh）、聚吡咯（PPy）、聚苯胺（PANi）、聚吡咯/胺共聚物（PPyA）等与单质硫复合所得的材料兼具导电聚合物的高导电性和硫材料的高比能量。

Wei 等制备了正极复合材料 hPANIs@ S，该材料中纳米级的硫均匀地沉积在 PANi 孔表面，可使正极结构更稳定，电导率更高。当以 170 mA/g 的电流密度进行充放电时，用该复合材料组装的电池经过 100 次循环后的比容量仍为 601.9 mAh/g。

（3）**硫/金属氧化物复合材料**

硫与碳质材料的复合能有效提高电极的比表面积和孔隙率，增大电极的电导率，抑制穿梭效应，提高电池的循环稳定性，但碳质材料对多硫化物的阻挡属于物理吸附，这种物理吸附作用并不牢靠。而某些金属氧化物可以与硫形成化学键，或者对多硫化物产生静电排斥作用。纳米金属氧化物与硫的复合也能提高正极的比表面积、孔隙率及吸附性能，使 Li^+ 更易扩散至材料内部，有效抑制硫的聚集及多硫化锂的溶解，部分纳米金属氧化物还能对 S—S 键的断裂和键合反应起到一定的催化作用，改善硫电极的动力学特征。常见的与硫单质复合的纳米金属氧化物包括 Al_2O_3，CeO_2，V_2O_5，TiO_2，$LiFePO_4$，$Mg_3Ni_2O_5$ 及 $Mg_3Cu_2O_5$。Cao 等先通过化学浴沉淀法制备出 Co 纳米线，然后以其作为 FeS_2-C 树枝均匀增长的干；该材料的孔隙率高、机械性能好、电化学性能优良。

1.2.2　锂硫电池电解质体系

选择适当的电解质体系十分重要，因为电解质对锂硫电池的反应速率、硫的利用率、电化学反应机理、电池充放电电压等均有较大的影响。理想的锂硫电池电解质至少需要具备以下 4 点：①电化学窗口较宽，性能稳定，在工作电压范围内不与正负极发生反应;②电导率高、能快速传递锂离子;③与电池正负极亲合性好;④价格便宜、环境友好等。按物质状态,锂硫电池电解质可分为液态电解质、聚合物电解质和陶瓷电解质。

(1)**液态电解质**

采用液态电解质的锂硫电池,其优点是活性物质利用率较高,电池的倍率性能较好,缺点是电池的循环性能较差。锂硫电池电化学反应在有机电解液中一般遵循 Shuttle 机制,要求电解液能适度溶解多硫化锂,使硫的氧化还原反应顺利进行,但 Shuttle 效应同时也会导致电池的库仑效率和循环性能较差。

液态电解质成分为溶剂、溶质和添加剂。溶质一般采用锂盐,如高氯酸锂($LiClO_4$)、六氟磷酸锂($LiPF_6$)、三氟甲磺酸锂[$LiCF_3SO_3$(LiTF)]和双三氟甲烷磺酰亚胺锂[$LiN(SO_2CF_3)_2$(LiTFSI)]等。溶剂一般采用线形或环形醚类物质,如四氢呋喃(THF)、二甲醚(DME)、二乙二醇二甲醚(DGM)、四乙二醇二甲醚(TEGDME)及其同系物等。

(2)**聚合物电解质**

采用醚类电解液的锂硫电池充放电时,分别在 2.3 V 和 2.1 V 附近出现两个放电平台,分别对应单质 S_8 被还原为 S_8^{2-},S_6^{2-} 和 S_4^{2-} 等可溶性多硫化物及生成难溶的 Li_2S_2 和 Li_2S;但采用聚合物电解质的全固态锂硫电池,只在 2.0 V 左右出现一个放电平台,说明在全固态电池中,单质硫的电化学还原历程与在液相中不同,可能未经历形成多硫化物。同时,全固态锂硫电池最大的优点是没有电解液腐蚀、泄漏和高温胀气等安全隐患,热稳定性和安全性较高。其缺点是 PEO 基聚合物电解质在室温下的离子电导率低,电池需要在 60 ℃以上才能进行循环,且与金属锂负极的相容性较差。目前,相关研究主要集中在如何提高这一类聚合物电解质的室温离子电导率上,如优化聚合物基体、添加无机填料和优选锂盐等。

(3)全固态电解质

用作固体电解质的材料主要有无机材料、有机聚合物及有机-无机混合物。无机材料可细分为晶体、玻璃态和玻璃-陶瓷电解质。晶体电解质能成功制备并实现小批量生产，且其锂离子电导率比液态电解质更高。玻璃态电解质电导率较高，玻璃-陶瓷电解质有利于靠近Li-Li链处的Li^+传输。全固态无机电解质的使用温度范围比聚合物电解质更宽，安全性更好，且不溶解多硫化锂。因此，高安全性和高比能量的全固态锂硫电池也是目前研究的热点。

1.2.3 锂负极的保护

锂硫电池能成为最具吸引力的新能源之一，除了正极材料硫具有高比能量、环境友好、价格低廉等优点外，负极材料锂也功不可没。锂是最轻的金属，其理论比容量高达3 860 mAh/g，是锂离子电池负极材料石墨的理论比容量(372 mAh/g)的10多倍。此外，锂的电极电势较低(−3.045 V vs·SHE)，用其做负极能获得较高的工作电压及比能量。

锂硫电池与传统锂离子电池的不同之处是在首次放电过程中，几乎所有的硫正极材料都会转变成长链的多硫化锂：

$$S_8 + 2Li^0 \longrightarrow Li^+ S_8^{2-} Li^+ \tag{1.8}$$

长链的多硫化锂又会溶解在电解液中，并向负极扩散，与锂负极发生化学反应，导致电池产生自放电现象和生成不溶的Li_2S和Li_2S_2：

$$S_8^{2-} + 2Li \longrightarrow S_7^{2-} + Li_2S \tag{1.9}$$

由于Li_2S和Li_2S_2不溶解，不能参与氧化还原反应，部分硫活性物质失活，硫的实际利用率降低。另外，Li_2S和Li_2S_2在锂表面的沉积会形成一层钝化层，使锂电极的表面性能变差，降低甚至完全阻止锂负极与电解液的反应，使得锂硫电池的循环性变差。

为了解决上述问题，目前对锂电极的保护主要有以下两种途径：①预处理锂负极，使其表面形成一层保护层；②加入电解液添加剂，充放电过程中在锂表面形成一层保护膜。

（1）预处理锂负极

预处理锂负极的主要目的是在锂表面形成一层保护层，使锂负极不能直接与电解液接触，阻止其与多硫化锂反应，同时，该保护层还必须能容许锂离子自由通过，从而提高锂硫电池的性能。Lee 等通过紫外光辐照将乙二醇二甲基丙烯酸酯单体在金属锂表面聚合生成一层 10 μm 左右厚的保护层，研究结果表明，用预处理锂片做负极的聚合物锂硫电池未出现 Shuttle 效应，电荷转移电阻较小，表现出良好的循环性能，100 次循环后的放电比容量约为 270 mAh/g。

（2）加入电解液添加剂

电解液添加剂对锂的保护机制主要有两种：①在充放电过程中通过物理吸附或化学变化等在锂表面形成一层保护膜；②在充放电过程中与多硫化物作用，减少或阻止多硫化物对锂的腐蚀。

研究表明电解液添加剂 $LiNO_3$ 和 Li_2S_6 对锂表面成分及锂硫电池电化学性能有一定影响。他们认为，向电解液中添加 $LiNO_3$ 可起到两方面的作用：一方面，$LiNO_3$ 能影响锂表面的化学性能，将锂氧化成 $LiNO_y$ 和 Li_2O；另一方面，$LiNO_3$ 还可以将 TFSI 的还原产物 Li_xSO_y 氧化成 Li_xSO_{y+1}。而 Li_2S_6 的加入则可以减弱 $TFSI^-$ 和 NO_3^- 的反应速率。如图 1.2 所示，当电解液中有 $LiNO_3$ 和 Li_2S_6 存在时，它们可以在锂片表面形成一层保护层，减小电池的电荷转移电阻，使硫的充放电反应进行得更完全，并使 2.3 ~ 2.4 V 的平台加长，首次放电比容量从 650 mAh/g 提升到 1 150 mAh/g。

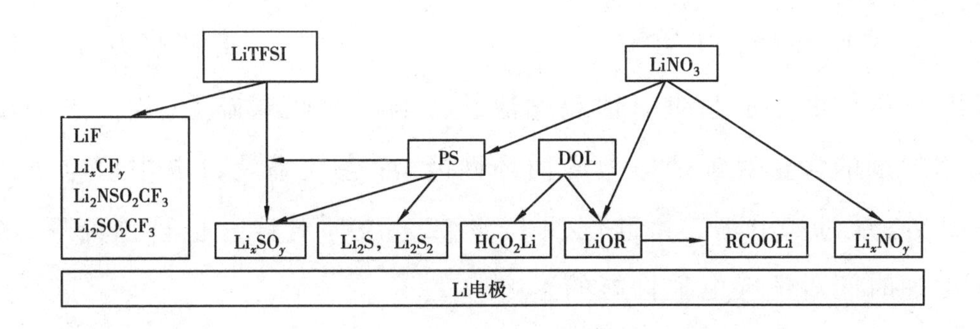

图1.2 DOL/LiTFSI/Li_2S_6/$LiNO_3$溶液中不同组分对锂电极表面的影响

1.3 本书的研究内容及意义

锂硫电池因其具有高理论比能量、低成本和环境友好等优点，被认为是极具潜力的电池体系之一，但由于正极材料硫的导电性差及多硫化物的溶解等问题，锂硫电池的循环寿命、库仑效率仍有待提高。针对这两点问题，我们对锂硫电池进行了以下4个方面的研究：

(1)**合成复合材料**

如前所述，多孔碳不仅可以增强硫电极的导电性，还可以将硫限制在电极上，减少硫的流失。但要得到均匀的S/C复合物，目前大多数研究都需要非常烦琐的步骤或非常复杂的操作。因此，本书提出了一种简单的方法——溶剂转化法，只需一步就可合成均匀的S/C复合物。该法利用硫在不同溶剂中的溶解度不同，将硫溶液与碳溶胶混合，硫会析出，同时碳也会沉降，这样就得到了混合均匀的S/C复合物。并对比研究了采用不同溶剂所制备出的S/C复合物的电化学性能。

(2)**锂保护的初步尝试**

将传统锂二次电池对锂保护的方法，包括添加电解液添加剂和预处理方式，应用到锂硫电池中，考察常见的锂二次电解液添加剂对锂硫电池的影响。分别研究了有机小分子苯、2-甲基呋喃、2-甲基噻吩、高分子聚合物聚乙二醇二甲基醚(PEGDME)、聚氧化乙烯(PEO)、聚乙烯基吡咯烷酮(PVP)作电解液添加剂时对锂硫电池的影响。在此基础上,我们进一步研究了添加剂的含量对锂硫电池的循环性能、库仑效率及放电中值电压的影响。此外,通过二甲基二氯硅烷和1,3-二氧戊环对锂片进行预处理,考察了预处理时间对锂硫电池性能的影响。

(3)采用冠醚对负极锂进行保护

冠醚也叫"大环醚",是一类含有多个氧原子的大环化合物。由于具有孔穴结构,冠醚能与金属离子发生络合,且络合能力与孔穴大小及金属离子的大小有关。采用3种孔穴大小与Li^+直径相近的冠醚对锂片进行预处理或作为电解液添加剂,通过冠醚的吸附和络合作用在锂片表面形成一层致密且有孔的保护膜,孔道大小要合适,既能保证锂离子正常通过,又能阻止金属锂与多硫化物接触,这样就可能提高电池的库仑效率和循环寿命。同时,研究了以上两种措施对锂硫电池的放电比容量、放电中值电压和库仑效率等电化学性能的影响。通过对充放电前后锂片表面形貌的变化和表面成分分析提出了冠醚对锂的保护机制,明确冠醚孔穴大小及含量对锂片表面和锂硫电池的电化学性能的影响规律,找到最合适的冠醚及其最佳含量,对锂负极的保护机制具有指导意义。

(4)对锂硫电池的关键材料正负极同时进行改进

正极方面,将硫与用水热法合成的介孔TiO_2进行复合,利用介孔TiO_2对硫的吸附作用和催化作用对硫正极进行改性;负极方面,采用冠醚对锂负极进行保护,将S/TiO_2复合物电极与经含有苯并-15-冠-5的电解液处理的锂片组装成扣式电池,并研究该电池的电化学性能。提出对锂硫电池的关键材料正负极及电解液进行综合改性的思路,使锂硫电池的放电比容量有较大的提高。本研究对促进锂硫电池的性能提升和推广应用具有重要的理论和实际意义。

参考文献

[1] 贾旭平. 国外锂硫电池研究进展[J]. 电源技术, 2014, 38(9): 1765-1767.

[2] 金朝庆,谢凯,洪晓斌. 锂硫电池电解质研究进展[J]. 化学学报, 2014, 72(1):11-20.

[3] B. Dominic, P. Stefano, S. Bruno. Recent progress and remaining challenges in sulfur-based lithium secondary batteries—a review [J]. Chem. Commun, 2013, 49(90) : 10545-10562.

[4] 邓南平, 马晓敏, 阮艳莉, 等. 锂硫电池系统研究与展望[J]. 化学进展, 2016, 28(9): 1435-1454.

[5] E. Levillain, A. Demortier, J. P. Lelieur. Sulfur [J]. Encyclopedia of Electrochemistry, 2006, 7a(253): 255-271.

[6] C. Barchasz, F. Molton, C. Duboc, et al. Lithium/sulfur cell discharge mechanism—an original approach for intermediate species identification [J]. Anal. Chem., 2012, 84 (9): 3973-3980.

[7] J. X. Song, T. Xu, M. L. Gordin, et al. Nitrogen-doped mesoporous carbon promoted chemical adsorption of sulfur and fabrication of high-areal-capacity sulfur cathode with exceptional cycling stability for lithium-sulfur batteries [J]. Advanced Functional Materials, 2014, 24 (9): 1243-1250.

[8] K. Jin, X. Zhou , L. Zhang, et al. Sulfur / carbon nanotube composite film as a flexible cathode for lithium-sulfur batteries [J]. The Journal of Physical Chemistry C, 2013, 117(41): 21112-21119.

[9] H. Xu, Y. Deng, Z. Shi, et al. Graphene-encapsulated sulfur (GES) composites with a core-shell structure as superior cathode materials for lithium-sulfur batteries[J]. Journal of Materials Chemistry A, 2013, 1(47): 15142-15149.

[10] C. Zhang, W. Lv, W. Zhang, et al. Reduction of graphene oxide by hydrogen sulfide: A promising strategy for pollutant control and as an electrode for Li-S batteries [J]. Advanced Energy Materials, 2014, 4 (7): 1301565.

[11] X. A. Chen, Z. Xiao, X. Ning, et al. Sulfur-impregnated, sandwich-type, hybrid carbon nanosheets with hierarchical porous structure for high-performance lithium-sulfur batteries[J]. Advanced Energy Materials, 2014, 4: 1301988.

[12] G. M. Zhou, S. F. Pei, L. Li, et al. A graphene-pure-sulfur sandwich structure for ultrafast, long-life lithium-sulfur batteries [J]. Advanced Materials, 2014, 26(4): 625-631.

[13] A. Manthiram, Y. Z. Fu, S. H. Chung. Rechargeable lithium-sulfur batteries [J]. Chem. Rev., 2014, 114:11751-11787.

[14] L. L. Qiu, S. C. Zhang, L. Zhang, et al. Preparation and enhanced electrochemical properties of nano-sulfur/poly(pyrrole-co-aniline) cathode material for lithium/sulfur batteries [J]. Electrochim. Acta, 2010, 55: 4632-4636.

[15] Wei P., Fan M. Q., Chen H. C., et al. Enhanced cycle performance of hollow polyaniline sphere/sulfur composite in comparison with pure sulfur for lithium-sulfur batteries [J]. Renew. Energy, 2016, 86: 148-153.

[16] F. Cao, G. X. Pan, J. Chen, et al. Synthesis of pyrite/carbon shells on

cobalt nanowires forming core/branch arrays as high-performance cathode for lithium ion batteries [J]. J. Power Sources, 2016, 303: 35-40.

[17] Y. M. Lee, N. S. Choi, J. H. Park, et al. Electrochemical performance of lithium/sulfur batteries with protected Li anodes [J]. J. Power Sources, 2003, 119-121: 964-972.

[18] J. W. Choi, G. Cheruvally, D. S. Kim, et al. Rechargeable lithium/sulfur battery with liquid electrolytes containing toluene as additive [J]. J. Power Sources, 2008, 183(1): 441-445.

第 2 章 溶剂转化法合成S/C复合物的电化学性能

2.1 前　言

锂硫电池的充放电过程不同于传统的摇椅式锂离子电池，会发生一系列的电化学反应，反应机理非常复杂，其理论比容量、比能量也远高于传统锂离子电池，分别为1 675 mAh/g,2 600 Wh/kg，被认为是最具潜力的先进高能量储能装置之一。同时，锂硫电池也因硫单质的储量大、价格低廉、对环境友好等优点而成为近年来研究热点之一，被认为是未来新能源电动车的动力电池的理想选择。

尽管锂硫电池优点很多，但离其实用化却还有一段距离。其中存在的主要问题之一是硫及其还原产物（二硫化锂或硫化锂）的电导率较低。由于硫的电导率低，在硫电极的制作过程中必须添加大量的导电剂。最常用的就是导电碳材料，而碳材料的低振实密度必然会影响锂硫电池的能量密度。研究表明,直接简单混合硫和大量碳制成的硫电极的比容量和库仑效率均较低。采用多种合成方法制备的S/C复合材料的电化学性能要好得多,但大多数合成方法的步骤较烦琐或操作较复杂。本章提出了一种较简便的方法,即溶剂转化法,合成了均匀的硫碳复合物。其原理如下:利用硫在不同溶剂中的溶解度不同,将硫溶解度较高的溶液和碳溶胶(硫在该溶剂中的溶解度较低)混合时,由于溶解度变小,硫会析出,同时碳也会与硫一起沉降下来,这样即可得到硫碳复合物。

2.2 实验部分

2.2.1 硫碳复合材料的制备

向乙醇(分析纯)中加入质量分数为2%的聚乙烯吡咯烷酮(PVP,分析纯)和一定量的导电碳(德赛固 Printex XE2),用玻璃棒搅拌后,超声2 h,使导电碳完全分散在乙醇中,制成导电碳的乙醇溶胶备用。向邻二甲苯中加入一定量的升华硫,使之完全溶解,然后在超声状态下向硫的邻二甲苯溶液中逐滴加入导电碳的乙醇溶胶,此时会有固体析出,得到悬浊液。将该悬浊液用离心机分离,并用乙醇洗涤3次,在真空干燥箱中60 ℃干燥12 h,即得硫碳复合物(OSC)。采用相同方法向硫溶液中滴加乙醇,得到不含碳的硫单质(OS)。

为了研究溶剂对合成样品的电化学性能的影响,将溶剂邻二甲苯换成二硫化碳溶解硫得到硫的二硫化碳溶液,用同样的方法制备了另一硫碳化合物(CSC)。同理,在相同条件下制备了不含碳的硫单质(CS)。同时,对比研究了升华硫(SS)的性能。所有样品的制备条件见表2.1。

表 2.1 所有样品的制备条件

<table>
<tr><th>样品名称</th><th>简　称</th><th>合成方法</th><th>合成溶剂</th></tr>
<tr><td>升华硫</td><td>SS</td><td>商品化</td><td></td></tr>
<tr><td rowspan="2">硫</td><td>OS</td><td rowspan="4">溶剂转化法</td><td>邻二甲苯</td></tr>
<tr><td>CS</td><td>二硫化碳</td></tr>
<tr><td rowspan="2">S/C 复合物</td><td>OSC</td><td>邻二甲苯</td></tr>
<tr><td>CSC</td><td>二硫化碳</td></tr>
</table>

2.2.2 硫碳复合物的结构及形貌测试

S/C 复合物中的硫含量采用 TG/DTA 分析仪（Perkin Elmer）在 N_2 气氛下测定，升温速度为 5 ℃/min。样品的物相分析采用 Shimadzu XRD 6000 X 射线衍射仪（Shimadzu Corp.，Japan）。样品的新貌采用 Quanta 200 扫描电子显微镜（FEI Company，Holland）和 JEOL JSM-2010 透射电镜观察。

2.2.3 硫碳复合物的电化学性能测试

按质量比 5∶4∶1分别称取一定量的升华硫（化学纯）、乙炔黑和聚四氟乙烯（PTFE）放入小烧杯中，用玻璃棒搅拌均匀，滴加适量的异丙醇，再次搅拌均匀后在擀膜机上制成膜。将该膜置于 60 ℃下的真空干燥箱中干燥 3 h 后取出，截取大小一致的圆形膜片，称取质量后，在压片机上将膜片用 18 MPa 的压力压在大小一致的不锈钢网上，制成硫正极，再放入真空干燥箱中，在 60 ℃下干燥 3 h 后备用。

在充满氩气的手套箱（MB200B 型，M. Braun GmbH，Germany）中，上述制备好的硫电极作正极，Celgard 2400 微孔膜为隔膜，锂电极作负极，组装成扣式锂硫电池（CR2016 型），用塑料袋密封好后取出，迅速在电池封装机上封装。

采用蓝电电池测试系统（Land，China）对上述封装好的扣式锂硫电池进行恒流充放电测试，充放电截止电压为 1.5 ~ 3 V，充放电电流密度为 200，500，1 000，1 500 mA/g。采用三电极体系进行循环伏安测试和阻抗测试，其中工作电极为硫或硫碳复合物，对电极和参比电极均为锂片。循环伏安（CHI660A 电化学工作站，上海）扫描速度为 0.1 mV/s，在开路电压下进行阻抗测试（Autolab PGSTAT30，瑞士），扫描频率为 10 kHz ~ 10 MHz，振幅为 5 mV。

2.3　结果与讨论

2.3.1　硫碳复合物中硫含量的测定

图 2.1 为硫碳复合物和导电碳 Printex XE2 的热重曲线。从图中可以看出，在 100 ~ 600 ℃ 范围内，Printex XE2 的质量几乎保持不变，而 S/C 复合物 OSC 样品的质量则明显变化。由此可知，S/C 复合物质量的损失主要是由硫的升华引起的，所以可以利用 TG 曲线中 S/C 复合物的质量损失推算出其中的硫含量。由图 2.1 可知 OSC 样品中的硫含量约为 55%。用同样的方法测得 CSC 样品中硫的含量约为 60%。

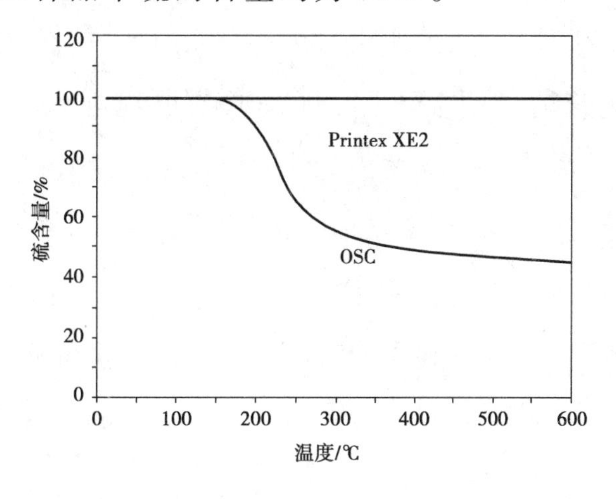

图 2.1　样品 OSC 在 N_2 中的 TG/DTA 曲线

2.3.2 S/C 复合物的结构和形貌

图 2.2 为样品的 XRD 图。由图可知,与升华硫(SS)的特征峰相比,OS 与 CS 样品的特征峰的位置基本不变,峰的强度有少许减弱,说明用溶剂转化法所制得的单质硫仍属于斜方晶系。从图 2.2 中还可以看出,Printex XE2 的 XRD 衍射峰呈现出强烈的无定型特性,OSC 与 CSC 样品的衍射峰基本为升华硫(SS)与 Printex XE2 的叠加,大部分为硫的衍射峰,但 $2\theta=24°$和 45°的宽峰为 Printex XE2 的特征峰。

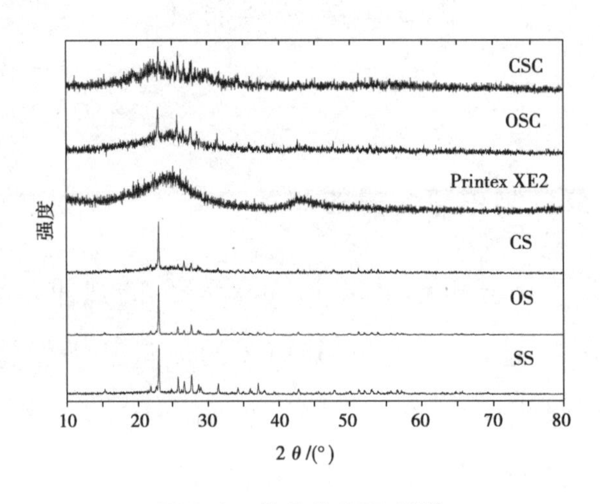

图 2.2　样品的 XRD 图谱

图 2.3 给出了样品的电镜图。如图 2.3(a)所示,升华硫颗粒形状不规则,粒径分布不均匀,粒径大小基本为 1 ~ 20 μm。从图 2.3(b)中可以看出,OS 样品的形貌与前者明显不同,颗粒形状更规则,表面更光滑,无明显的棱角;粒径分布更均匀,颗粒大小为 5 ~ 15 μm。而 CS 样品的颗粒形状和粒径分布介于两者之间,见图 2.3(c)。如图 2.3(d)所示,Printex XE2 由纳米球形颗粒团聚成念珠状,而 OSC 和 CSC 样品也基本如此,见图 2.3(f)、(e)。采用 EDX 测试得到了 OSC 样品中硫元素和碳元素的分布图,如图 2.3(g)、(h)所示,OSC 样品中硫元素和碳元素分布较均匀。

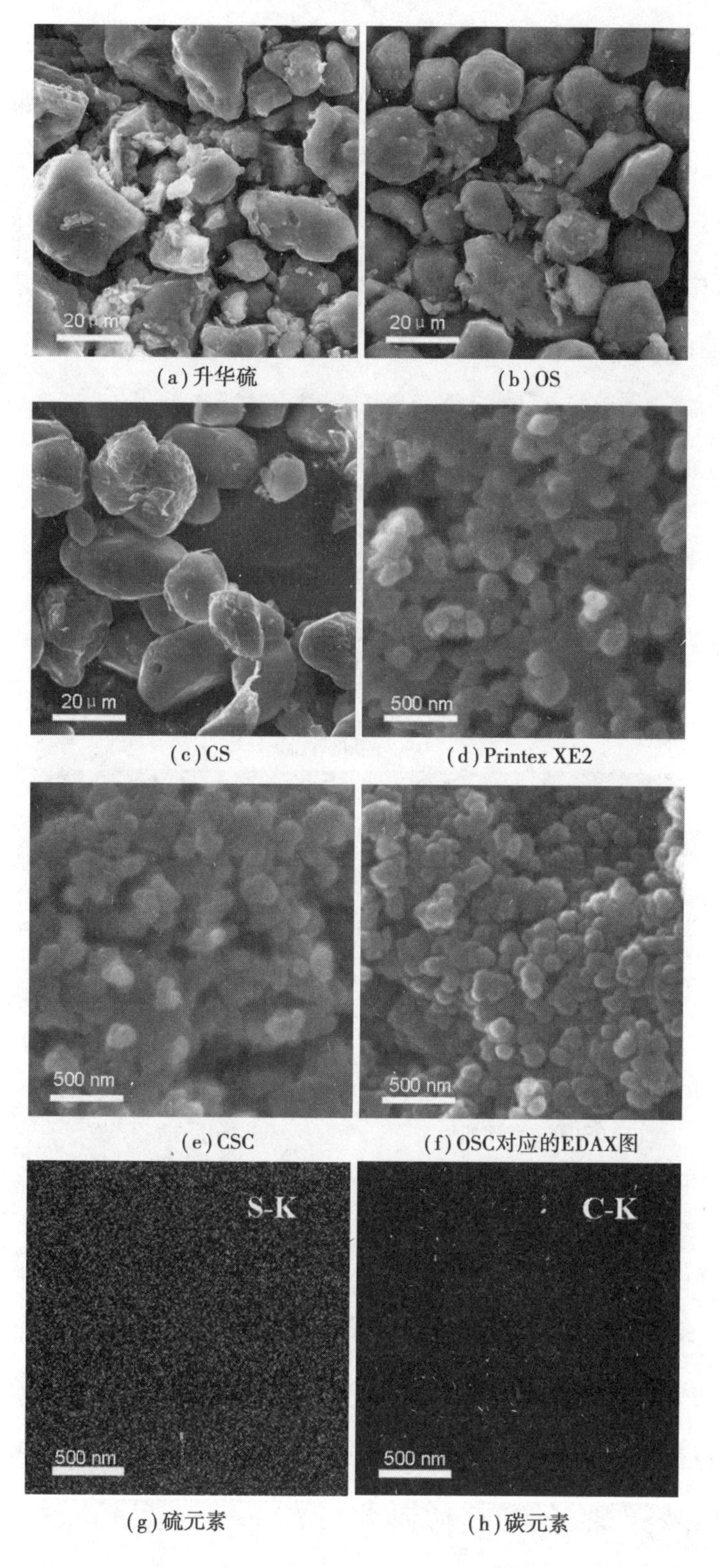

(a)升华硫　(b)OS　(c)CS　(d)Printex XE2　(e)CSC　(f)OSC对应的EDAX图　(g)硫元素　(h)碳元素

图 2.3　样品的 SEM 图

为了更加清晰地反映S/C复合材料的颗粒特性，我们对OSC样品进行了TEM测试。图2.4为OSC样品的TEM图。如图2.4(a)所示，OSC样品由颗粒直径大小约为45 nm的粒子聚集而成。图2.4(b)是对局部进一步放大得到的OSC样品更精细的形貌，可见硫颗粒表面包覆约8 nm的碳层。对图2.4(b)中方框处进一步放大得到图2.4(c)，可清晰地看出硫的有序晶格条纹和碳的无序螺旋状条纹。

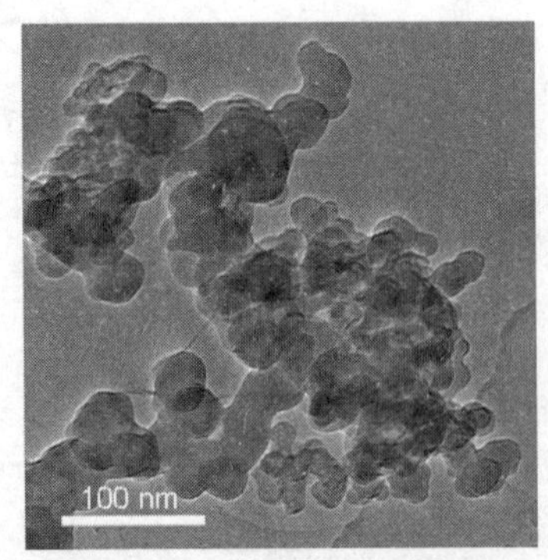

(a) OSC样品的TEM图

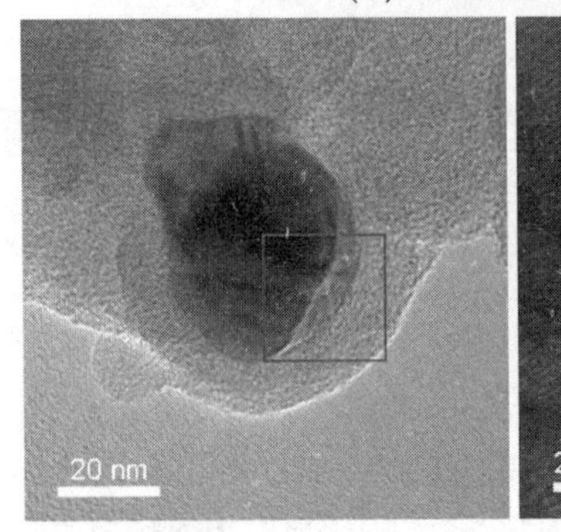

(b) OSC样品包覆的碳层

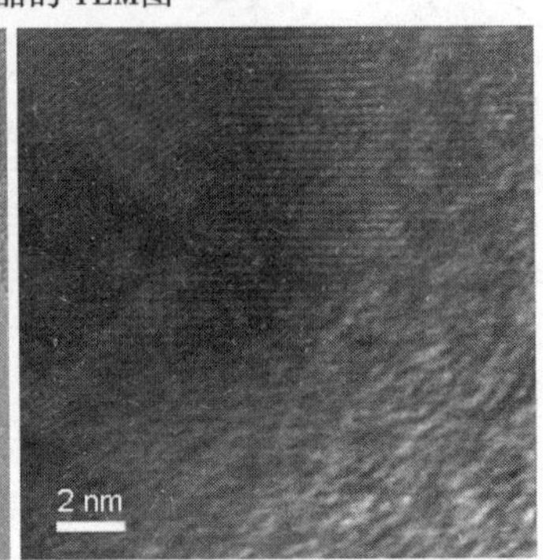

(c) OSC样品的晶格条纹

图2.4　OSC样品的TEM图

表2.2给出了用BET法测定的Printex XE2和OSC样品的比表面积和孔体积。与Printex XE2相比，通过溶剂转化法制得的S/C复合物的比表面积和孔体积均要小得多，即便扣除OSC样品中碳的减少量仍是如此，说明OSC样品中有部分S通过溶剂转化法进入Printex XE2的孔中。若按硫的密度为1.82 g/cm^{3}来计算，孔体积为1.76 cm^3/g的Printex XE2最多能容纳质量分数为76.2%的硫，而所制备的OSC样品中硫的实际含量为55%。

说明OSC样品中仍存在着未被填充的介孔或微孔，而介孔或微孔的存在有利于电解液的浸润，进而有助于OSC样品在电化学过程中的物质传递。若在制备过程中将硫的含量降低，则得到的孔结构会更多，但其代价是活性物质的载量会降低，因此未合成含硫量更低的硫碳复合物。

表2.2　Printex XE2和OSC的物理性质

样　品	BET总比表面积/($m^2 \cdot g^{-1}$)	孔体积/($cm^3 \cdot g^{-1}$)
Printex XE2	972.44	1.77
OSC	54.28	0.40

注：由于硫的升华特性，OSC样品在进行BET测试前没有按照通常的程序在150 ℃下进行排空处理。这样，由于水可能进入微孔中使孔堵塞，所以测试的结果可能偏小。

通过对硫碳复合物的形貌测试和BET测试，可得出OSC复合物中硫与碳是均匀复合的，且硫填充在碳孔中。这种结构不仅能为活性物质硫提供导电网络，还能将硫限制在碳孔中，防止活性物质硫在充放电过程中流失。

2.3.3　S/C复合物的电化学性能

图2.5为三种样品循环伏安测试的结果（扫描速度：0.1 mV/s；电压范围：1.5～3 V）。如图所示，电压在2.3 V左右，三种样品的循环伏安曲线上均出现第一个阴极峰，此时单质S_8发生开环反应生成长链的多硫化物；电压在1.9～2.1 V时均出现第二个阴极峰，此时长链的多硫化物（Li_2S_n，$n \geqslant 4$）被还原为短链的多硫化物（Li_2S_n，$n<4$）甚至Li_2S。实际上锂硫电池的电化学过程非常复杂，在循环伏安的扫描过程中可能有十多种多硫化物生成，会出现最典型的三个氧化还原电对，从高电压到低电压分别对应S_8^{2-}/S_8，S_4^{2-}/S_4^-和S_3^{2-}/S_3^-。同时，硫的循环伏安曲线与传统的可逆电池体系不同，不仅会发生电化学反应，还会发生多硫化物的歧化反应。在阴极还原过程中，高价态的多硫化物会发生歧化反应生成S_6^{2-}，S_6^{2-}随后会分裂为S_3^-，再被进一步还原为S_3^{2-}。因此，硫的氧化峰和还原峰严格来讲并非一

一对应,但电压在1.9~2.1 V时的阴极峰是主要的还原区,为主要的还原反应。对比SS,OS,OSC的循环伏安图可知,OSC样品的阳极峰和阴极峰较高较窄,峰间距较小,说明OSC样品的极化更小。

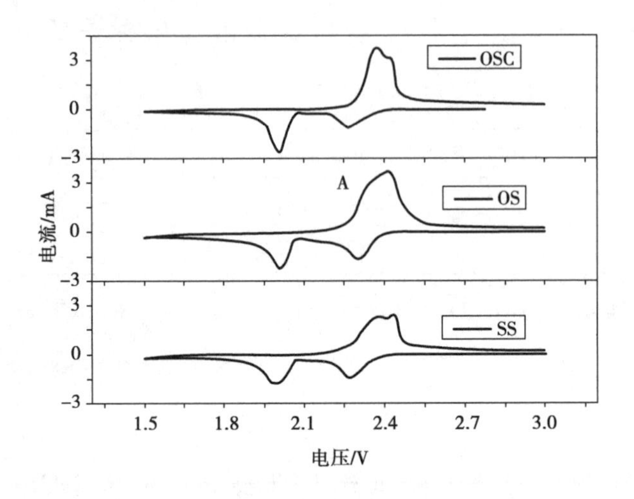

图2.5　SS, OS, OSC电极的循环伏安图(扫描速度:0.1 mV/s)

图2.6给出了OSC,OS,SS样品的第一次放电曲线。如图所示,三者都有两个放电平台。高电压2.2~2.3 V处的放电平台与硫单质发生开环反应生成较高价态的多硫化锂(Li_2S_n,$n \geq 4$)相对应,低电压1.8~2.1 V的放电平台与高价态的多硫化锂转化为低价的多硫化锂(Li_2S_n,$n<4$)或Li_2S相对应。由图可知,当电流密度为200 mA/g时,三者的放电平台的长度各不相同,用溶剂转化法合成的硫碳复合物OSC样品的放电平台最长,溶剂转化法合成的单质硫OS样品的放电平台次之,升华硫SS的放电平台最短。与之对应,三者的第一次放电比容量也依次减小,分别为1 173.9,925.5,678.0 mAh/g。当电流密度增大到1 500 mA/g时,放电曲线也呈现出相同的趋势,OSC,OS和SS样品的首次放电比容量分别为739.7,505.1,363.6 mAh/g。对比可知,三者中OSC复合物样品中的硫的利用率最高,其原因是OSC复合物样品的比表面积较大,硫的粒径较小,硫与碳接触得更充分。值得注意的是,虽然采用溶剂转化法能制得较均匀的硫碳复合物,在一定程度上能缓解活性物质硫的溶解,但并不能完全阻止,所以OSC样

品的放电比容量会衰减。

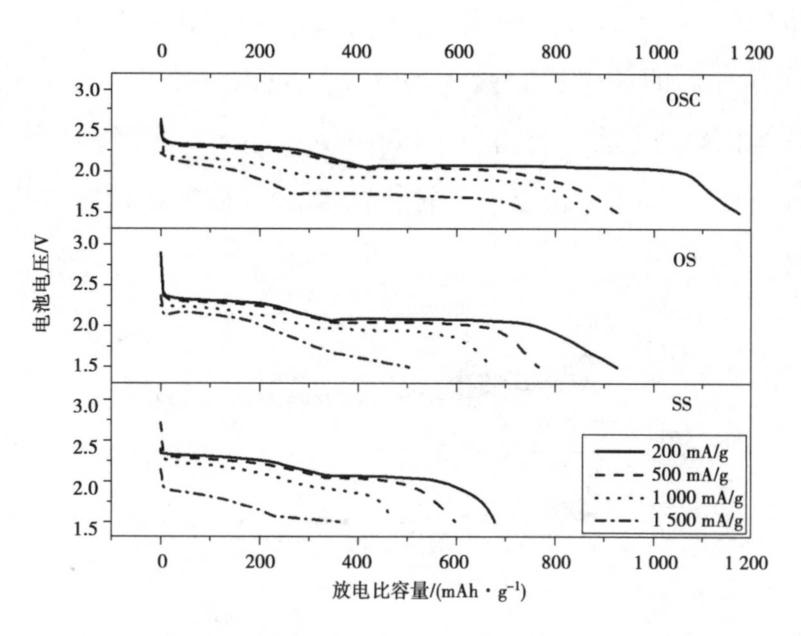

图 2.6　不同电流密度下硫及 S/C 复合物的第 1 次循环放电曲线

图 2.7 为 OSC,OS,SS 样品的前 50 次循环的循环曲线。由图可知,当电流密度为 200 mA/g 时,升华硫的第 1 次和第 50 次循环的放电比容量分别为 678.0, 436.4 mAh/g,而 OS 电极的第 1 次和第 50 次循环的放电比容量分别为 925.5,680.3 mAh/g。对比可知,采用溶剂转化法制得的 OS 样品的放电比容量比升华硫的高。当电流密度增大到 1 500 mA/g 时,OS 样品的优势更明显,OS 电极和升华硫电极的首次放电比容量分别为 505.1, 363.6 mAh/g。其原因可能是 OS 样品比升华硫的颗粒形貌和尺寸更均匀,颗粒更小,与导电碳接触得更充分。但 OS 样品的实际放电比容量仍与硫的理论比容量相差甚远,尤其是在高电流密度下,其原因可能是硫的导电性差,部分硫仍未能与导电碳接触,无法参与电化学反应,硫的利用率较低。从图 2.7 中可以看出,用溶剂转化法合成的硫碳复合物恰好能较好地提高硫碳的接触面积,进而提高硫的利用率。OSC 样品不管是在电流密度为 200 mA/g 还是在较高电流密度(1 500 mA/g,约 1C)下,都表现出较高的放电比容量。尤其是在较高电流密度(1 500 mA/g)下,OSC 样品的第 50

次循环的放电比容量为 529.0 mAh/g,明显高于 OS 样品(442.6 mAh/g)和升华硫样品(293.6 mAh/g),与硫/石墨烯复合物的比容量相当(该电极在 1C 下,20 次循环后的放电比容量为 505 mAh/g),并高于硫/多壁碳纳米管复合物的放电比容量(该复合物在 1 000 mA/g 下,50 次循环后的放电比容量为 450 mAh/g)。可见,利用溶剂转化法能制备具有较好的电化学性能的硫碳复合物。

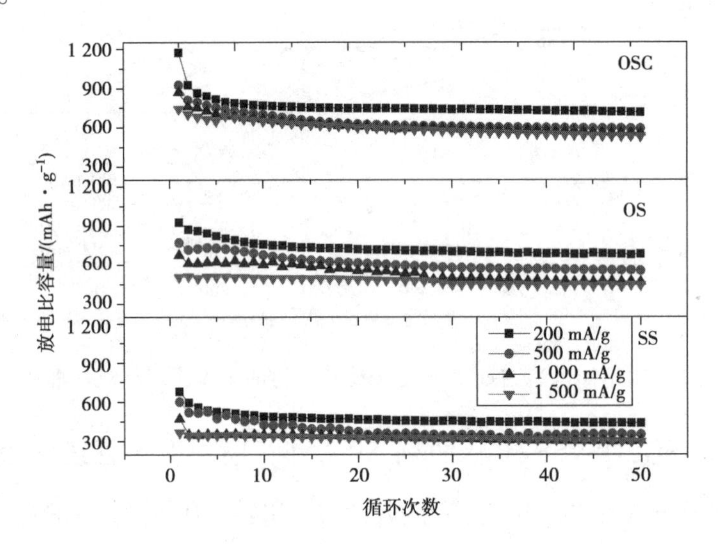

图 2.7　不同电流密度下硫及 S/C 复合物的循环曲线

为了考察溶剂转化法中溶剂对所合成的样品的电化学性能的影响,将溶剂换成二硫化碳进行对比研究。图 2.8 给出了在邻二甲苯、二硫化碳溶剂下采用溶剂转化法合成样品的第 1 次循环放电曲线。由图 2.8 可知,在相同电流密度下,用邻二甲苯溶剂合成的硫单质(OS)较用二硫化碳溶剂合成的硫(CS)单质的放电平台更高更长,第 1 次放电比容量也更高,对应的 S/C复合物也是如此,说明采用邻二甲苯溶剂合成的样品的硫的利用率更高,极化更低。

图 2.9 为其对应的循环曲线。由图 2.9 可知,在电流密度为 200 mA/g 和 1 000 mA/g 时,用邻二甲苯溶剂合成的硫碳复合物 OSC 的第 1 次循环和第 50 次循环的放电比容量分别为 1 173.9,972.3 mAh/g,而用二硫化碳溶剂合成的硫碳复合物(CSC)的第 1 次循环和第 50 次循环的放电比容量分

别为925.4 mAh/g和654.8 mAh/g。这可能是因为用邻二甲苯溶剂合成的硫碳复合物OSC中硫碳接触得更充分一些。

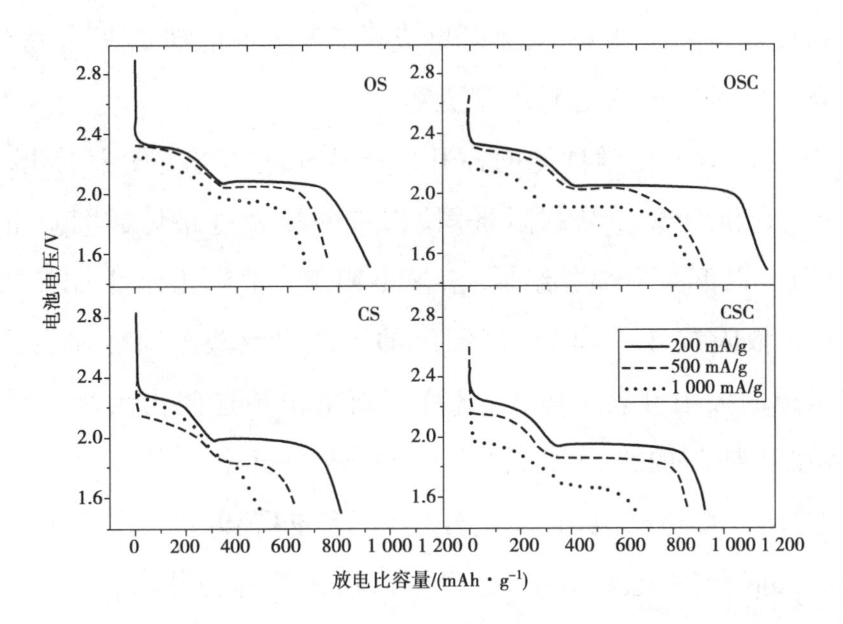

图2.8　不同电流密度下采用不同溶剂合成的硫及S/C复合物的第1次循环的放电曲线

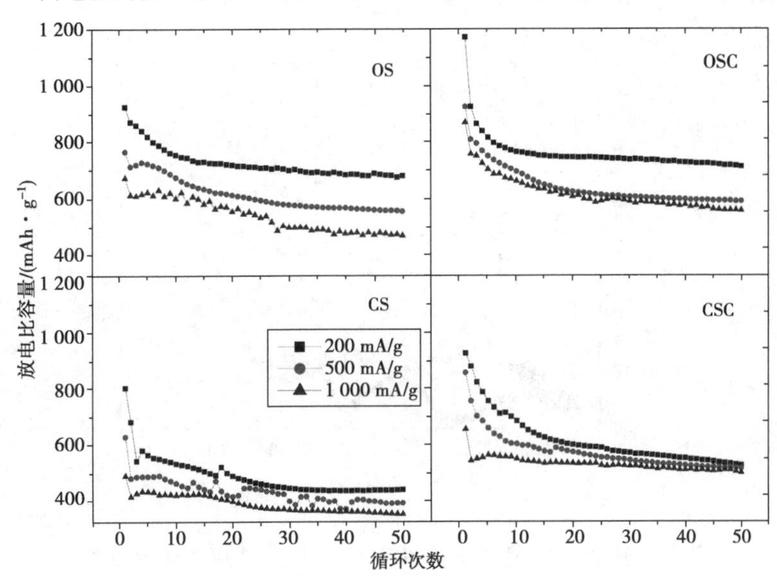

图2.9　不同电流密度下采用不同溶剂合成的硫及S/C复合物的循环曲线

综上所述，利用溶剂转化法制得的样品的电化学性能比升华硫好。其可能原因如下：①用溶剂转化法制备样品的过程中采用了导电碳的溶胶，高度分散的导电碳的纳米颗粒包覆在硫颗粒的表面，可防止硫颗粒的长大聚集，这样所制得的硫颗粒的粒径更小，分布更均匀；②在用溶剂转化法制备样品的过程中，硫颗粒析出的同时，分散的导电碳(Printex XE2)也随之沉淀，这样硫颗粒和导电碳接触得更充分，所制得的硫碳复合物的导电性更好，在充放电过程中硫的利用率更高。

溶剂转化法对电化学性能的提升也能从样品的阻抗图中看出。图2.10所示为OS，SS和OSC样品的阻抗图，相应的拟合电路见插图。由图可知，所有阻抗图由以下4个部分组成：溶液电阻 R_e，常变相元件CPE，电荷传递阻抗 R_{ct} 及扩散阻抗 R_w。其中，高频区的半圆可反映电荷传递阻抗 R_{ct} 的情况，半圆半径的大小可表示电极/溶液界面电子传递阻力大小。对比可知，OSC样品在高频区的半圆明显比OS和SS的更小。拟合后得出OS，SS，OSC样品的电荷传递电阻(R_{ct})值分别为23.94，39.8，14.57 Ω，说明OSC复合电极的电荷转移电阻最小，这也可以用来解释为什么OSC样品的充放电循环性能及倍率性能较好。

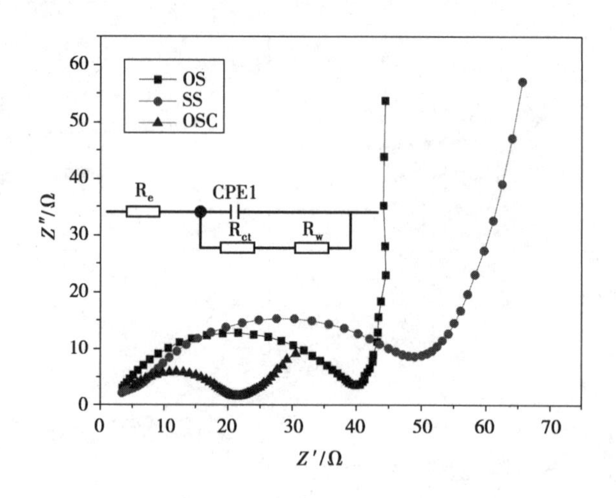

图2.10　硫及S/C复合物的阻抗图，插图为相应的拟合电路图

2.4 结　论

利用硫在不同溶剂中的溶解度不同,本章采用一种较简便的方法——溶剂转化法,合成了硫及硫碳复合物,通过对样品的结构形貌和电化学性能进行测试,得出以下结论:

①利用溶剂转化法可以得到颗粒形貌及粒径均一的硫和硫碳复合物,由于硫在不同溶剂中的溶解度不同,当将硫的溶液与碳的溶胶(硫在该溶剂中的溶解度较前者小)混合时,硫就会因为溶解度变小而析出,碳同时也会沉降下来,得到硫碳复合物,且部分硫可能进入碳的孔隙中。

②用溶剂转化法合成的硫及硫碳复合物的电化学性能优于升华硫的性能,尤其是采用邻二甲苯作硫的溶剂制得的硫碳复合材料,在倍率性能、放电比容量等方面均较升华硫好。

③结果表明,用邻二甲苯作硫的溶剂时比用 CS_2 作硫的溶剂时所合成的样品的电化学性能更好,不管是硫单质还是硫碳复合物,其原因可能是与不同溶剂中所合成的样品的硫碳接触情况不一样。

参考文献

[1] A. Manthiram, Y. Fu, S. Chung, et al. Rechargeable lithium-sulfur batteries [J]. Chem. Rev., 2014,114: 11751-11787.

[2] J. He, Y. Chen, W. Lv, et al. Three-dimensional hierarchical reduced graphene oxide/tellurium nanowires: a high-performance freestanding cathode for Li-Te batteries [J]. ACS Nano, 2016, 10: 8837-8842.

[3] Y. J. Choi, Y. D. Chung, C. Y. Baek, K. W. Kim, et al. Effects of carbon coating on the electrochemical properties of sulfur cathode for lithium/sulfur cell [J]. J. Power Sources, 2008, 184(2): 548-552.

[4] S. E. Cheon, K. S. Ko, J. H. Cho, et al. Rechargeable lithium sulfur battery-Ⅱ. Rate capability and cycle characteristics [J]. J. Electrochem. Soc., 2003, 150(6): A800-A805.

[5] J. Wang, J. Chen, K. Konstantinov, et al. Sulphur-polypyrrole composite positive electrode materials for rechargeable lithium batteries [J]. Electrochim. Acta, 2006, 51(22): 4634-4638.

第3章

锂保护的初步尝试

3.1 前　言

锂硫电池因其能产生很高的理论比容量(1 675 mAh/g,16 Li + $S_8 \rightleftharpoons$ $8Li_2S$)和比能量(2 600 Wh/kg)而吸引了研究者的广泛关注。其需要解决的主要问题之一是正极硫材料及其放电产物的导电性差的问题。通过查阅文献及本书第 2 章的研究,发现这一问题可通过制备硫与各种导电材料(如碳材料、金属氧化物、导电聚合物等)的复合物来解决。锂硫电池需要解决的主要问题之二就是电池的 Shuttle 效应及其引起的负极锂的腐蚀、循环寿命差等问题。

金属锂在锂硫电池中作负极,充当锂源。锂金属是自然界中相对原子质量(6.941)最低、密度(0.53 g/cm^3)最小、理论比容量(3 861 mAh/g)最高的负极材料。采用金属锂作负极材料也是锂硫电池具有高能量密度的原因之一。但是,锂金属负极材料的应用受到了以下两方面的限制:一方面,由于金属锂具有较高的化学活性,会与不同的电解液溶剂发生化学反应,生成一层表面膜(SEI),这层膜由不同的锂的化合物(如 LiOH,Li_2O,Li_2CO_3 等)组成,而膜的多相性会导致电流在锂表面分布不均匀,从而导致锂枝晶在锂表面生长,且在放电过程中,锂枝晶会被破坏,导致死锂的产生,这样使锂电极的循环效率较低;另一方面,锂枝晶还会导致电路微短路,不均匀的电流分布还会使锂电极边缘局部电流急剧增大而导致局部过热甚至爆炸,引发安全问题。所以,理想的 SEI 膜必须稳定且均匀平滑,以减少非活性锂枝晶的生长。

解决上述问题的最根本的方法就是对锂电极进行保护,相关的研究很多,主要有两种方法。其中最常见、最方便的方法是添加电解液添加剂,以在锂电极的表面形成一层均匀稳定的保护膜。例如添加 HF 酸能改变锂电极表面 SEI 膜的成分,形成一层由 Li_2O, LiOH, Li_2CO_3 和 LiF 组成的 SEI 膜;另一种保护锂电极的方法就是对锂负极进行预处理,在锂表面形成一层预处理层。

按物质种类,电解液添加剂可分为:①无机添加剂,如 H_2O,HF,$LiNO_3$ 等;②有机小分子添加剂,如 2-甲基噻吩、氟代碳酸乙烯酯(FEC)、三乙酰氧基乙烯基硅烷(VS)、乙烯亚硫酸酯(ES)、十六烷基三甲基氯化铵(CTAC)等;③有机聚合物添加剂,如聚氧化乙烯(PEO)、聚乙烯基吡咯烷酮(PVP)、聚乙二醇二甲基醚(PEGDME)、二甲基硅树脂环氧丙烷共聚物(SiPPO)等。

对锂负极进行预处理的方式主要有:①利用干燥的 CO_2,N_2,SO_2 等气体与表面的锂进行化学反应,形成一层无机锂盐膜;②通过光聚合在金属锂负极表面包覆一层聚合物膜;③通过溅射的方法,在锂表面形成一层预处理层 LiPON 和 Li_3N 等具有高锂离子电导率的材料;④用有机溶剂如 1, 3-二氧戊环、氯硅烷、四氢呋喃(THF)等对金属锂电极进行预处理,形成钝化层。

对锂保护的研究虽然很多，但大多是对锂一次电池和其他锂二次电池体系的研究，针对锂硫电池的研究并不多。在其他电池体系中，对锂电极的保护能有效地改善电池的循环性能，但由于锂硫电池与其他电池体系的充放电过程不一样，除了存在金属锂的沉积问题，还存在电池的Shuttle效应，把这些方法用到锂硫体系可能会出现不一样的效果。在本章中，我们借鉴前人的一些对锂保护的方法，将这些方法用到锂硫电池体系中，希望以此来提高锂硫电池的库仑效率和循环性能。

3.2　实验部分

3.2.1　硫正极的制备

按质量比5∶4∶1，分别称取一定量的升华硫（化学纯）、乙炔黑和聚四氟乙烯（PTFE），放入小烧杯中，用玻璃棒搅拌均匀，滴加适量的异丙醇，再次搅拌均匀后在擀膜机上制成膜。将该膜置于60 ℃下的真空干燥箱中干燥3 h后取出，截取大小一致的圆形膜片，称取质量后。在压片机上将膜片用18 MPa的压力压在大小一致的不锈钢网上，制成硫正极，再放入真空干燥箱中在60 ℃下干燥3 h后备用。

3.2.2　含有添加剂的电解液配制

分别称取一定量的电解液添加剂2-甲基噻吩（MeTh）、2-甲基呋喃（MEF）添加到锂硫电池的电解液溶液 $LiN(CF_3SO_2)_2$/DOL + DME（1∶1，*w*/*w*）中，配制成质量分数分别为1%，2%，5%的电解液，记为物质名称-质量百分比（例如，MeTh-1指质量分数为1%的2-甲基噻吩的电解液）。分别配制质量分数为2%的苯（Ph）、聚乙二醇二甲基醚（PEGDME，MW

1000)、聚氧化乙烯(PEO,MW 400000)、聚乙烯基吡咯烷酮(PVP,MW 40000)的电解液 $LiN(CF_3SO_2)_2$/DOL + DME (1∶1, *w/w*)。

3.2.3 对锂电极的预处理

将锂片直接完全浸泡到一定量的二氯二甲基硅烷(CDMS)或1, 3-二氧戊环(DOL)中,浸泡时间分别为2,5,10 min,用镊子取出后,先用滤纸将表面溶液吸干,再用吹风机吹干,备用。

3.2.4 锂硫电池的组装和电化学性能测试

在充满氩气的手套箱(MB200B型,M. Braun GmbH, Germany)中,上述制备好的硫电极作正极,Celgard 2400微孔膜为隔膜,锂电极作负极,组装成扣式锂硫电池(CR2016型),用塑料袋密封好后取出,迅速在电池封装机上封装。

采用蓝电电池测试系统(Land, China)对上述封装好的扣式锂硫电池进行恒流充放电测试,充放电截止电压为1.5~3 V,若无特殊说明,充放电电流密度均为200 mA/g。

3.3 结果与讨论

3.3.1 电解液添加剂对锂硫电池电化学性能的影响

(1)不同添加剂对锂硫电池电化学性能的影响

早期针对锂的溶解沉积的添加剂种类很多,我们选取了几种常见的有代表性的有机小分子和高分子聚合物添加剂来分别考察它们对锂硫电池性能的影响。首先,我们分别配制了质量分数均为2%的有机小分子苯(Ph),2-甲基噻吩(MeTh)和2-甲基呋喃(MEF)的电解液,然后用这些电解液分别组装成扣式电池，并对电池进行充放电测试，分析这些添加剂对锂硫电池的电化学性能的影响。

图3.1(a)为电解液中分别添加质量分数为2%的苯(Ph)、2-甲基噻吩(MeTh)和2-甲基呋喃(MEF)时锂硫电池的循环曲线。由图可知，无添加剂时，空白的锂硫电池的第1次循环的放电比容量为981.5 mAh/g，经过50次循环后，其放电比容量衰减为420 mAh/g，前50次循环的容量保持率为42.8%。当向电解液中分别添加苯(Ph)、2-甲基噻吩(MeTh)和2-甲基呋喃(MEF)，锂硫电池的第1次循环的放电比容量稍有下降，分别为984.4，954.5，938.2 mAh/g，但经过50次循环后，其放电比容量反而比空白的锂硫电池高，分别为456.1，473.4，499.7 mAh/g，前50次循环的容量保持率也有所提升，分别为46.3%，49.6%，53.3%。通过对比可知，苯、2-甲基呋喃和2-甲基噻吩的添加均能改善硫的循环性能。

图3.1(b)为上述电池对应的库仑效率图。由图可知，无添加剂时，锂硫电池的第1次循环和第50次循环的库仑效率分别为60.2%，60.3%；在电解液中分别添加苯(Ph)、2-甲基噻吩(MeTh)和2-甲基呋喃(MEF)后，锂硫电池的第1次循环库仑效率分别为65.6%，73.7%，82.6%，第50次循环的库仑效率分别为69.5%，77.1%，70.3%。上述结果表明，电解液添加剂苯(Ph)、2-甲基噻吩(MeTh)和2-甲基呋喃(MEF)能有效提高锂硫电池的库仑效率。

放电中值电压可以间接反映电池的极化情况，图3.1(c)给出了上述电池对应的放电中值电压图。由图可知，无添加剂时，锂硫电池的第1次循环和第50次循环的放电中值电压分别为2.07 V，2.08 V，前50次循环的平均放电中值电压为2.08 V；当电解液中分别添加苯(Ph)、2-甲基噻吩(MeTh)和2-甲基呋喃(MEF)后，锂硫电池前50次循环的平均放电中值电压分别为2.07，2.09，2.09 V，可见，2-甲基噻吩(MeTh)和2-甲基呋喃(MEF)能在一定程度上改善电池的极化，而苯则稍微加大了电池的极化。其原因可能与它们对锂的保护机理不一样有关。

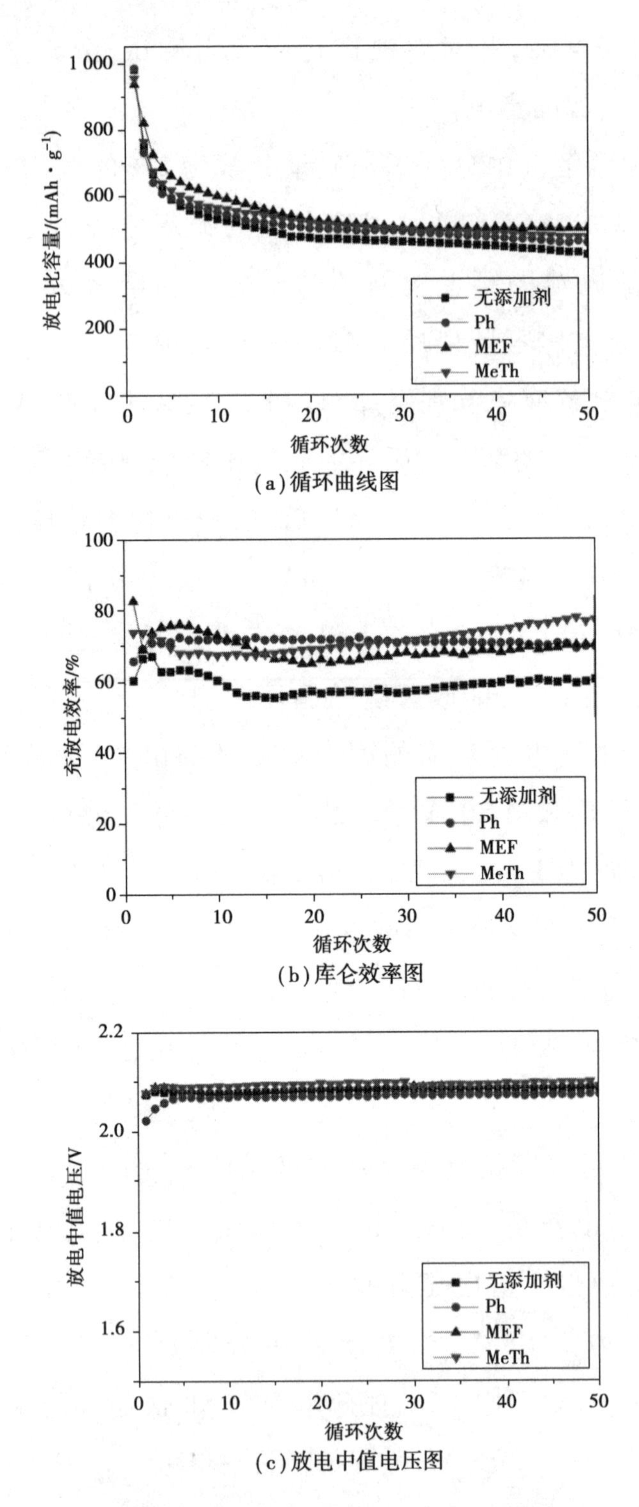

(a)循环曲线图

(b)库仑效率图

(c)放电中值电压图

图 3.1 电解液中添加 2% 的苯(Ph)、2-甲基噻吩(MeTh)和 2-甲基呋喃(MEF)时锂硫电池的电化学性能

Morita 等认为,2-甲基噻吩(MeTh)和2-甲基呋喃(MEF)属于反应型添加剂,是通过与金属锂发生化学反应而在锂表面生成一层具有较高导电性的膜,这层膜不仅降低了锂电极和电解液界面的电阻,而且还能改变电极和电解液界面反应的时间常数,提高锂的循环效率,如图3.2(b)所示;而苯则为吸附型添加剂,这类添加剂可以阻止锂表面在PC基电解质中的成膜反应,如图3.2(c)所示。苯的非极性和疏水性导致它在锂电极与极性PC电解液界面的聚集,这种聚集(或物理吸附)可以阻止锂表面膜的生长,从而有效地改善锂的循环性能。我们认为在所研究的硫的电解液体系中,它们的作用机制也可能不一样,因此,它们能在一定程度上改善锂硫电池的循环性和库仑效率,且改善的效果并不相同。

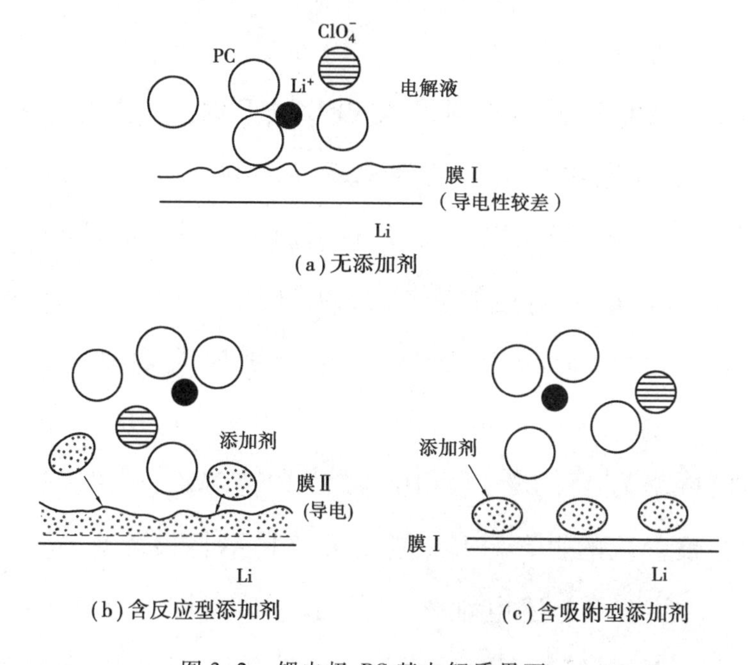

图3.2　锂电极-PC基电解质界面

此外,我们还考察了聚合物添加剂对锂硫电池性能的影响。Matsuda 等认为,PVP能在锂表面形成较薄的膜,锂离子能较快地迁移,从而阻止电极和电解液间副反应的发生,抑制界面电阻的增大,使锂的充放电效率提高。Mori 等的研究表明,当有表面活性剂PEGDME添加剂存在时,在锂的沉积初期,锂离子会与聚乙醚在电化学作用下生成含有EO基团的表面膜,由于

EO基团具有一定的流动性，这层表面膜的离子透过性很好，从而能增强锂硫电池的循环效率和循环稳定性。另外，形成的膜还可以在锂的沉积溶解过程中通过表面活性剂的吸附和脱附过程被修复，形成具有网状结构、均匀、致密的表面膜，进而抑制锂的不均匀沉积。基于这些文献中的结果和分析，我们尝试将聚合物聚乙二醇二甲基醚（PEGDME）、聚乙烯基吡咯烷酮（PVP）、聚氧化乙烯（PEO）作电解液添加剂来考察它们对锂硫电池电化学性能的影响。

图3.3（a）为电解液中添加质量分数均为2%的聚乙二醇二甲基醚（PEGDME）、聚氧化乙烯（PEO）或聚乙烯基吡咯烷酮（PVP）时锂硫电池的充放电循环曲线。由图可知，无添加剂时，锂硫电池的第1次循环和第50次循环的放电比容量分别为981.5，420 mAh/g，前50次循环的容量保持率为42.8%；当在电解液中分别加入PEGDME时，锂硫电池的第1次循环和第50次循环的放电比容量分别为926.7，404.1 mAh/g，前50次循环的容量保持率为43.6%；当在电解液中分别加入PVP时，锂硫电池的第1次循环和第50次循环的放电比容量分别为817.6，415.7 mAh/g，前50次循环的容量保持率为50.8%；当在电解液中分别加入PEO时，锂硫电池的第1次循环和第50次循环的放电比容量分别为897.5，406.7mAh/g，前50次循环的容量保持率为45.4%。对比可知，PEGDME，PVP，PEO的添加均能在一定程度上改善硫的循环性能，但改善效果不是很理想。

图3.3（b）给出了上述电池对应的库仑效率图。由图可知，无添加剂时，空白锂硫电池的第1次循环和第50次循环的库仑效率为分别为60.2%，60.3%，前50次循环的平均库仑效率为60%；向电解液中添加PEGDME后，第1次循环和第50次循环的库仑效率分别为68.7%，62.8%，前50次循环的平均库仑效率为63%；向电解液中添加PEO后，第1次循环和第50次循环的库仑效率分别为95.3%，78.2%，前50次循环的平均库仑效率为80%；向电解液中添加PVP后，第1次循环和第50次循

环的库仑效率分别为83.5%,73.1%,前50次循环的平均库仑效率为73%。上述结果表明,电解液添加剂PEGDME,PVP,PEO能有效提高锂硫电池的库仑效率,且添加PVP的效果最明显。

图3.3(c)为上述电池对应的放电中值电压图。由图可知,无添加剂时,空白锂硫电池前50次循环的平均放电中值电压为2.08 V;向电解液中分别加入添加剂PEGDME,PVP,PEO后,锂硫电池前50次循环的平均放电中值电压分别为2.08,2.09,2.06 V,结果表明,PVP能在一定程度上减小电池的极化,而PEO则稍微增加了电池的极化。这可能与聚合物的结构及分子量有关,向电解液中加入分子量较高的PEO后,可能会使电解液的黏度变大,从而减缓了锂离子的迁移速率。

(2)添加剂含量对锂硫电池电化学性能的影响

为了进一步考察添加剂对锂硫电池电化学性能的影响,我们分别配制了含有质量分数不同的2-甲基呋喃(MEF)和2-甲基噻吩(MeTh)的电解液,并用其作为新电解液组装电池来研究添加剂的含量对锂硫电池电化学性能的影响。

图3.4(a)为用质量分数分别为1%,2%,5%的添加剂2-甲基呋喃的电解液组装成的锂硫电池的循环曲线。由图可知,无添加剂时,空白锂硫电池的第1次循环和第50次循环的放电比容量分别为981.5 mAh/g,420 mAh/g,前50次循环的容量保持率为42.8%;当向电解液中添加质量分数分别为1%,2%,5%的2-甲基呋喃(MEF)后,电池第1次循环的放电比容量有所下降,分别为963.3,938.2,814.6 mAh/g,第50次循环后的放电比容量分别衰减为453.0,499.7,518.0 mAh/g,前50次循环的容量保持率分别为47.0%,53.3%,63.6%。对比可知,随着2-甲基呋喃(MEF)质量分数的增加,电池第一次循环的放电比容量逐渐降低,第50次循环的放电比容量逐渐升高,电池的循环性能逐渐变好。

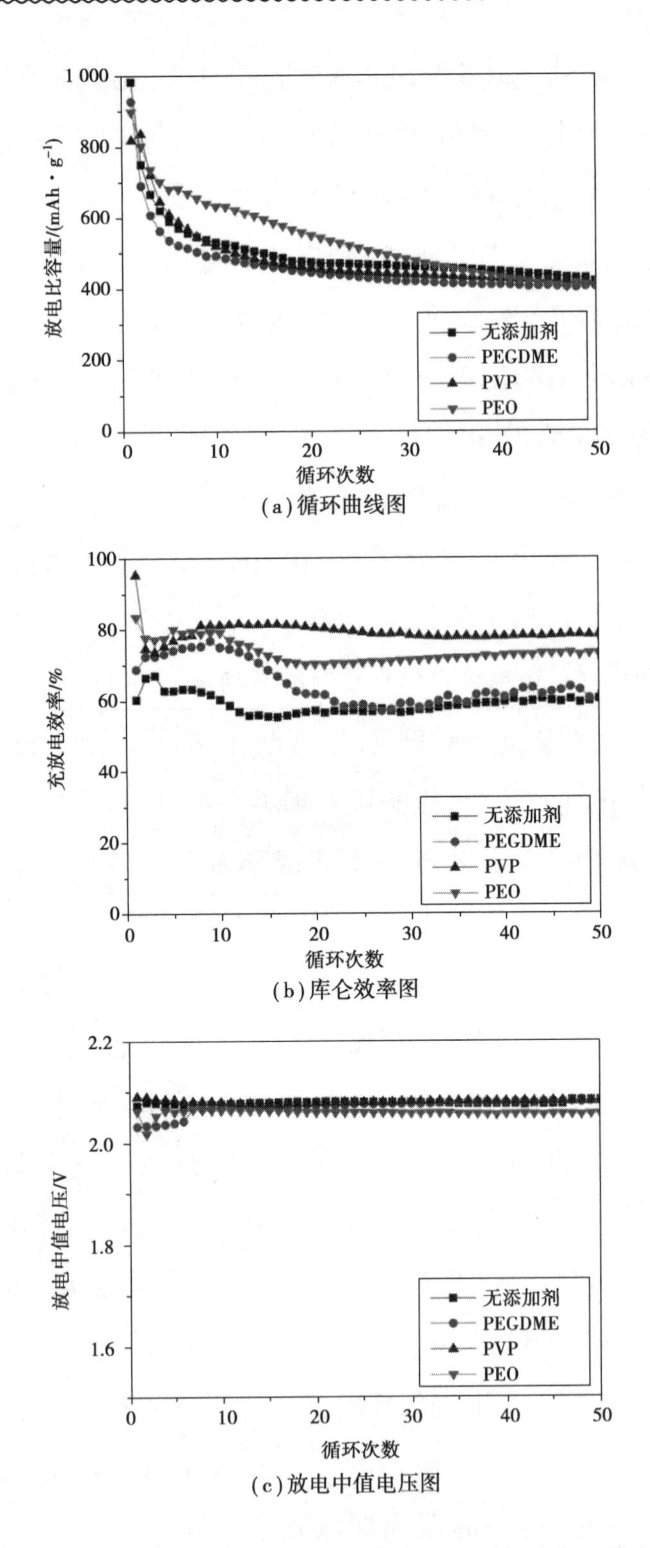

(a)循环曲线图

(b)库仑效率图

(c)放电中值电压图

图 3.3 电解液中添加 2% 的 PEGDME, PVP 或 PEO 时锂硫电池的电化学性能

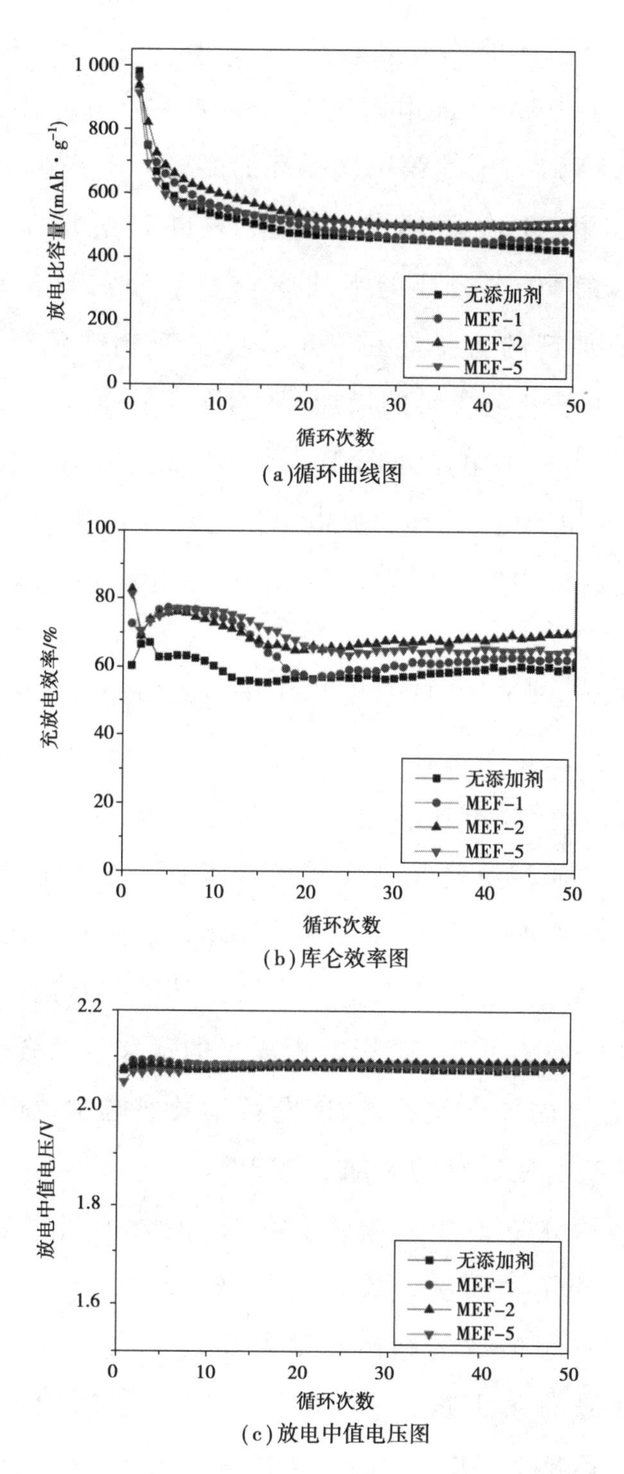

(a)循环曲线图

(b)库仑效率图

(c)放电中值电压图

图3.4　电解液中添加1%，2%或5%的2-甲基呋喃(MEF)时锂硫电池的电化学性能

与其对应的库仑效率图如图3.4(b)所示。由图可知,无添加剂时,第1次循环和第50次循环的库仑效率分别为60.2%,60.3%,前50次循环的平均库仑效率为60%;当向电解液中分别加入质量分数为1%,2%,5%的2-甲基呋喃(MEF)后,电池第一次循环的库仑效率变高,分别为72.5%,82.6%,81.2%,第50次循环的库仑效率也有所增加,分别为62%,70.3%,65.5%,前50次循环的平均库仑效率分别为65%,75%,70%。上述结果表明,添加剂的含量能在一定程度上影响锂硫电池的库仑效率,且随着添加剂2-甲基呋喃含量的增加,平均库仑效率先升高后降低。

与其对应的放电中值电压如图3.4(c)所示。由图可知,无添加剂时,电池第1次循环和第50次循环的放电中值电压分别为2.07 V, 2.08 V,前50次循环的平均放电中值电压为2.08 V;当向电解液中添加质量分数分别为1%,2%,5%的2-甲基呋喃后,电池前50次循环的平均放电中值电压分别为2.08,2.09,2.08 V,说明2-甲基呋喃的添加能减小电池的极化。

由上述结果可知,电解液添加剂2-甲基呋喃含量的多少能影响锂硫电池的电化学性能,包括放电比容量、库仑效率及放电中值电压等。其原因可能与电解液添加剂2-甲基呋喃在锂电极表面形成的膜的厚度及均匀程度有关。当电解液添加剂2-甲基呋喃(MEF)较少时,形成的SEI膜的很薄,且不够均匀致密,不能有效阻止多硫化锂对锂的腐蚀;而如果电解液添加剂太多,形成的SEI膜太厚,会影响锂离子的迁移。结合上述电化学性能的研究结果,综合考虑放电比容量、库仑效率及放电中值电压等,可知电解液添加剂2-甲基呋喃最适宜的添加量为2%。

同时,我们也研究了2-甲基噻吩(MeTh)的含量对锂硫电池性能的影响。图3.5(a)给出了用质量分数分别为1%,2%,5%的添加剂2-甲基噻吩(MeTh)的电解液组装成的锂硫电池的循环曲线。由图可知,无添加剂时,空白锂硫电池的第1次循环和第50次循环的放电比容量分别为981.5,420 mAh/g,前50次循环的容量保持率为42.8%;向电解液中分别添加质量分数为1%,2%,5%的2-甲基噻吩后,锂硫电池的第1次循环的

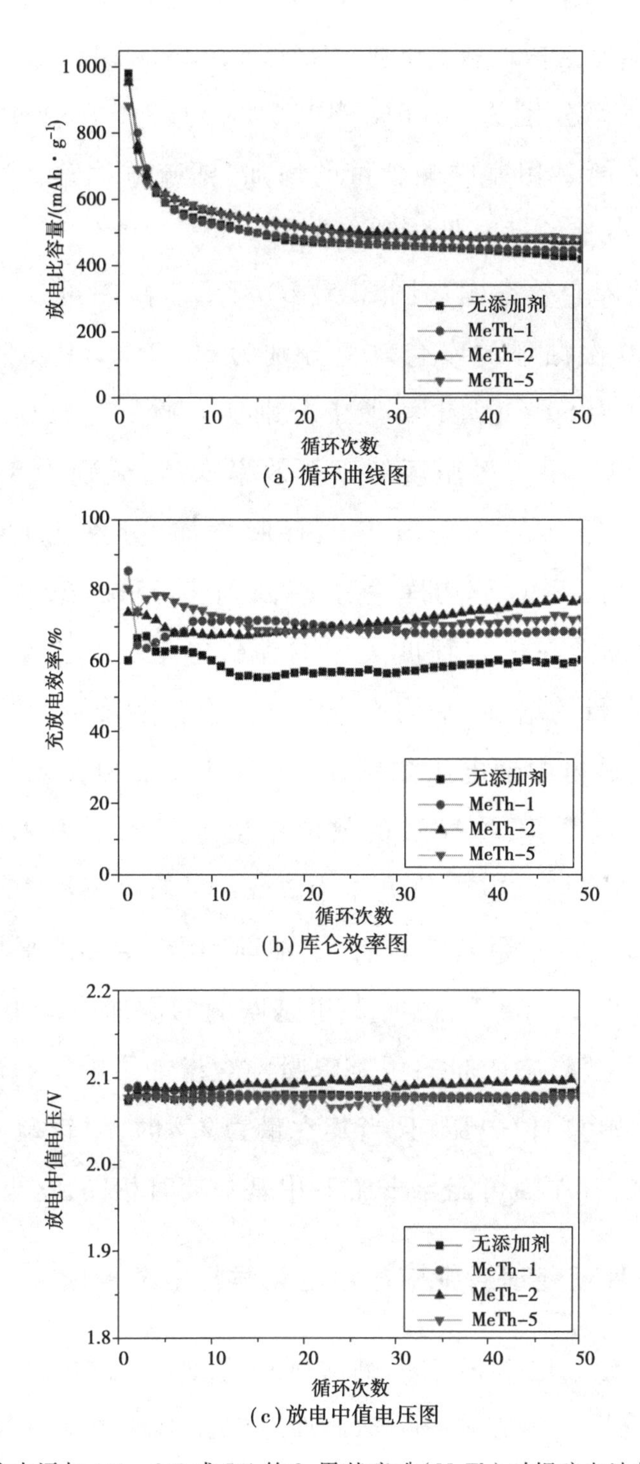

(a)循环曲线图

(b)库仑效率图

(c)放电中值电压图

图 3.5　电解液中添加 1%，2% 或 5% 的 2-甲基噻吩(MeTh)时锂硫电池的电化学性能

放电比容量略有下降，分别为961.3，954.5，883.9 mAh/g，但第50次循环的放电比容量却比空白的高，分别为448.4，473.4，483.5 mAh/g，前50次循环的容量保持率分别为46.6%，49.6%，54.7%。通过上述对比可知，随着电解液添加剂2-甲基呋喃含量的增加，锂硫电池第1次循环的放电比容量逐渐降低，电池的循环性能逐渐变好。

与其对应的库仑效率图如图3.5(b)所示。由图可知，无添加剂时，第1次循环和第50次循环的库仑效率分别为60.2%，60.3%，前50次循环的平均库仑效率为60%；向电解液中分别加入质量分数为1%，2%，5%的2-甲基噻吩后，电池第1次循环的库仑效率变高，分别为85.3%，73.7%，80.3%，第50次循环的库仑效率也有所增加，分别为68.2%，77.1%，71.9%，前50次循环的平均库仑效率分别为65%，69%，68%。由此可知，添加剂的含量能在一定程度上影响锂硫电池的库仑效率，且随着添加剂2-甲基噻吩含量的增加，平均库仑效率先升高后降低。

与其对应的放电中值电压如图3.5(c)所示。由图可知，无添加剂时，电池第1次循环和第50次循环的放电中值电压分别为2.07，2.08 V，前50次循环的电池平均放电中值电压为2.08 V；向电解液中添加质量分数分别为1%，2%，5%的2-甲基噻吩后，电池前50次循环的平均放电中值电压分别为2.08，2.09，2.08 V，说明2-甲基呋喃的添加能减小电池的极化。

综上所述，电解液添加剂2-甲基噻吩的含量能影响锂硫电池的放电比容量、库仑效率及放电中值电压，且当其含量为2%时，对锂硫电池电化学性能的改善效果较好，其原因可能与添加2-甲基呋喃时相同，这里就不再讨论。

3.3.2 锂片预处理对锂硫电池电化学性能的影响

前面我们讨论了电解液添加剂对锂硫电池电化学性能的影响，下面我们将进一步讨论另一种方式——预处理对锂硫电池电化学性能的影响。

(1)二氯二甲基硅烷对锂片的预处理

由于金属锂属于碱金属，其化学性质非常活泼，因此在金属锂的表面通常会形成一层约50 nm厚的自然膜,这层膜的化学成分主要取决于金属锂的制备和储存条件,一般由Li_2O,LiOH和Li_2CO_3组成。Marchioni等采用卤代硅烷处理锂片并研究了其对负极锂的阻抗的影响,结果表明,卤代硅烷可与金属锂表面膜中的化学成分LiOH发生以下反应:

$$LiOH + ClSi(Me)_3 \longrightarrow LiOSi(Me)_3 + HCl \tag{3.1}$$

$$LiOH + 2ClSi(Me)_3 \longrightarrow (Me)_3SiOSi(Me)_3 + HCl + LiCl \tag{3.2}$$

$$LiOSi(Me)_3 + ClSi(Me)_3 \longrightarrow (Me)_3SiOSi(Me)_3 + LiCl \tag{3.3}$$

$$2HCl + 2Li \longrightarrow 2LiCl + H_2 \tag{3.4}$$

最后会形成厚度为1～1 500 nm的含有LiCl的表面膜。阻抗测试表明,经三甲基氯硅烷处理后,锂负极的阻抗降低,其原因是所形成的表面膜能有效阻止锂负极与电解液在电池存储过程中的相互作用。

根据上述研究,可利用氯代硅烷与金属锂自然膜的反应生成一层与锂基底结合更为紧密牢固的含硅聚合物的表面膜。方法如下:在手套箱中把锂片完全浸泡在二氯二甲基硅烷(CDMS)中,浸泡时间分别为2,5,10 min。再用处理后的锂片作负极,与升华硫组装成锂硫电池,分析预处理对锂硫电池性能的影响。二氯二甲基硅烷会与金属锂的自然膜中的LiOH发生如下反应:

$$LiOH + ClSi(Me)_2Cl \longrightarrow LiOSi(Me)_2Cl + HCl \tag{3.5}$$

$$LiOH + ClSi(Me)_2OLi \longrightarrow LiOSi(Me)_2OLi + HCl \tag{3.6}$$

$$LiOSi(Me)_2OLi + ClSiMe_2Cl \longrightarrow LiOSi(Me)_2OSi(Me)_2Cl + LiCl \tag{3.7}$$

$$\vdots$$

$$LiOSi(Me)_2(OSi(Me)_2)_{n-1}OSi(Me)_2OLi + ClSiMe_2Cl \longrightarrow$$
$$LiOSi(Me)_2(OSi(Me)_2)_nOSi(Me)_2Cl + LiCl \tag{3.8}$$

这样,我们就能在锂片表面得到一层更牢固的保护层。

图3.6(a)为对比了在二氯二甲基硅烷(CDMS)中预处理不同时间的锂片作负极的锂硫电池的循环曲线,图中的CDMS-2代表用CDMS预处理2 min的锂片作负极的锂硫电池,以此类推。由图可知,未预处理的锂硫电

池的第1次循环和第50次循环的放电比容量分别为981.5,420 mAh/g,前50次循环的容量保持率为42.8%;用经CDMS分别预处理2,5,10 min后的锂片作负极的锂硫电池第1次循环的放电比容量均有所降低,分别为947.2, 939.8, 892.8 mAh/g,但第50次循环的放电比容量却比未处理的高,分别为445.9, 477.9, 422.2 mAh/g,前50次循环的容量保持率均较未处理的高,分别为47.1%,50.9%,47.3%。通过对比可知,二氯二甲基硅烷对负极锂的预处理能改善锂硫电池的循环性能,且改善效果与预处理时间有关,其中,预处理锂片5 min的改善效果较好。

与其对应的库仑效率图如图3.6(b)所示。由图可知,以未处理的锂片作负极的锂硫电池第1次循环和第50次循环的库仑效率分别为60.2%,60.3%,前50次循环的平均库仑效率为60%;用经CDMS预处理2,5,10 min后的锂片作负极的锂硫电池第1次循环的库仑效率明显变高,分别为70.2%,86.8%,89.4%,第50次循环的库仑效率也有所增加,分别为70.3%,86.7%,85.5%,前50次循环的平均库仑效率分别为69%,83%,82%。上述结果表明,对锂片的预处理能有效提高电池的库仑效率,且提高效果与预处理时间有关,随着预处理时间的变长,锂硫电池的平均库仑效率先上升后下降,预处理5 min的效果较好。

图3.6(c)为相应的放电中值电压图。如图所示,锂片未预处理时,电池第1次循环的放电中值电压为2.073 V,第50次循环的放电中值电压为2.083 V,电池前50次循环的平均放电中值电压为2.08 V;分别在二氯二甲基硅烷中预处理2,5,10 min后,电池第1次循环的放电中值电压均有少许下降,分别为2.058,1.996 1,1.995 6 V,第50次循环的放电中值电压分别为2.082 3,2.0814,2.081 8 V,前50次循环的平均放电中值电压均为2.081 V,说明对锂片进行预处理后,刚开始会增大电池的极化,且预处理时间越长,极化越大,但随后的循环中,对电池的极化没有较大的影响,可能是二氯二甲基硅烷与锂的表面成分反应后形成的表面膜在初始充放电过程中还不够稳定,但随着充放电的进行会不断稳固,并能起到保护电池

的作用,这可以从电池的库仑效率明显提高看出。

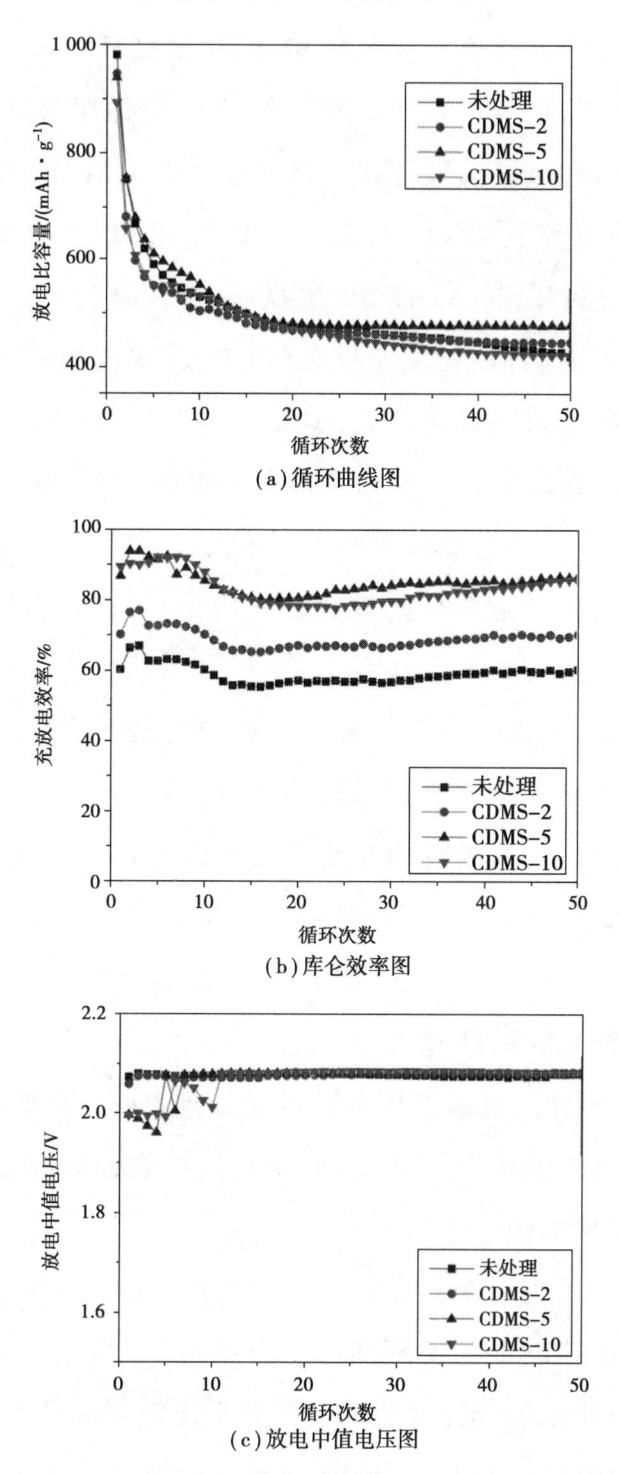

(a)循环曲线图

(b)库仑效率图

(c)放电中值电压图

图 3.6　锂片在二氯二甲基硅烷(CDMS)中预处理 2,5,10 min 后锂硫电池的电化学性能

与其对应的放电中值电压图如图3.6(c)所示。由图可知,用未预处理的锂片作负极的锂硫电池第1次循环和第50次循环的放电中值电压分别为2.07 V, 2.08 V,前50次循环的平均放电中值电压为2.08 V;用经CDMS预处理2,5,10 min的锂片作负极的锂硫电池第1次循环的放电中值电压均略微下降,分别为2.06,2.00,2.00 V,第50次循环的放电中值电压却有所回升,均为2.08 V,前50次循环的平均放电中值电压也均为2.08 V。上述结果表明,预处理锂片在前几次充放电循环中会增大电池的极化,且预处理时间越长,极化越大,但充放电循环10次后,预处理锂片对电池的极化基本没有影响。其原因可能是CDMS与LiOH反应后形成的表面膜在最开始几次充放电循环中还不够稳定,但随着充放电循环次数增多,该膜会不断稳固,并起到保护锂片的作用,这可通过对比处理前后锂硫电池的库仑效率看出。

从上述研究结果可知,采用二氯二甲基硅烷预处理锂片能有效提高锂硫电池的循环性能和库仑效率,且提高效果与预处理时间长短有关。其原因可能是预处理时间与形成膜的厚度和均匀致密程度有关,预处理时间太短,形成的膜不够厚,不够均匀致密,对锂硫电池的电化学性能的提高效果一般;而预处理时间太长,形成的膜会太厚,影响锂离子的迁移,用二氯二甲基硅烷预处理锂片的适宜时间为5 min。

随后,我们对锂片用二氯二甲基硅烷预处理5 min后锂硫电池在较大电流密度下的充放电性能进行了考察,以研究这层表面膜对锂硫电池的倍率性能的影响,其结果如图3.7所示。

图3.7(a)给出了当电流密度为500 mA/g时,用经CDMS预处理5 min后的锂片作负极的锂硫电池的循环曲线。由图可知,当电流密度为500 mA/g时,用未处理的锂片作负极的锂硫电池的第1次循环和第50次循环的放电比容量为828.4,377.4 mAh/g,前50次循环的容量保持率为45.6%;对比图3.6(a),当电流密度为200 mA/g时,前50次循环的容量保持率为

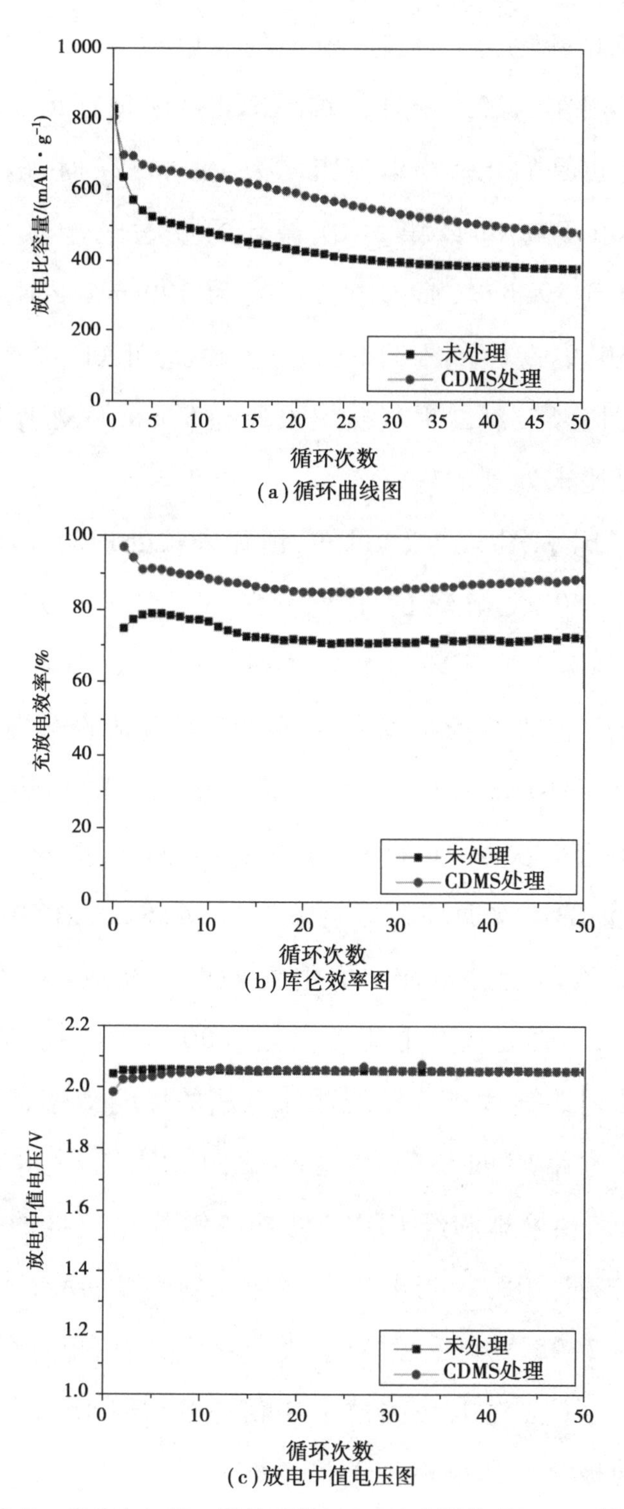

图 3.7 锂片在二氯二甲基硅烷(CDMS)中预处理 5 min 后锂硫电池的电化学性能(电流密度:500 mA/g)

42.8%;可见,当电流密度增大时,电池的放电比容量虽有所下降,但容量保持率提高了。用在二氯二甲基硅烷(CDMS)中预处理5 min后的锂片做负极的锂硫电池也是如此。当电流密度为500 mA/g时,电池第1次循环的放电比容量为805.5 mAh/g,第50次循环的放电比容量为478.9 mAh/g,容量保持率提高到59.5%;而当电流密度为200 mA/g时,前50次循环的容量保持率为50.9%(见图3.6(a))。由此可知,在较大的电流密度(500 mA/g)下,用经二氯二甲基硅烷预处理5 min后锂片作负极的锂硫电池的循环性能也比未处理的好。

对比图3.6(b)和图3.7(b)可知,锂片未预处理的电池,在电流密度为200 mA/g时,前50次循环的平均库仑效率为60%;当电流密度为500 mA/g时,电池第1次循环的库仑效率为74.7%,第50次循环的库仑效率为72%,平均库仑效率为73%。可见,随着电流密度的增大,库仑效率有所提高。锂片经CDMS预处理后,也表现出相同的趋势。当电流密度为200 mA/g时,前50次循环的平均库仑效率为83%;当电流密度为500 mA/g时,电池第1次循环的库仑效率为96.8%,第50次循环的库仑效率为88.2%。这有可能是电池在大电流密度下充放电不完全造成的。通过对比可以看出,不管充放电电流密度低(200 mA/g)还是高(500 mA/g),用经CDMS预处理的锂片作负极的锂硫电池的库仑效率都较高。

图3.7(c)为相应的放电中值电压图。如图所示,当电流密度为200 mA/g时,用未预处理和经CDMS处理的锂片作负极的锂硫电池的平均放电中值电压均为2.08 V;当电流密度增大到500 mA/g时,两者的平均放电中值电压均为2.05 V。可见,当电流密度增大时,电池的极化增大,但用CDMS预处理锂片不会对电池的放电中值电压产生明显的影响,因此不会明显加大电池的极化和影响电池的倍率性能。

综上可知,用二氯二甲基硅烷预处理锂片5 min后,能改善电池的倍率性能、循环性能和库仑效率。

（2）1，3-环氧戊环对锂片的预处理

1，3-环氧戊环（DOL）对硫、碳的亲和力强，浸润性较好，黏度较低，常用作锂硫电解液溶剂。研究表明，DOL可在金属锂表面形成一层保护膜。因此，我们也研究了用DOL预处理锂片对锂硫电池充放电性能的影响，其方法与用CDMS预处理锂片类似。

图3.8（a）给出了当电流密度为200 mA/g和500 mA/g时，用经DOL预处理5 min后的锂片作负极的锂硫电池的循环曲线，DOL-5-500代表在电流密度为500 mA/g时，用经DOL预处理5 min后的锂片作负极的锂硫电池的循环曲线，以此类推。由图可知，当电流密度为200 mA/g时，用未处理的锂片作负极的锂硫电池第1次循环和第50次循环的放电比容量分别为981.5，410 mAh/g，前50次循环的容量保持率为42.8%；用经DOL预处理5 min后的锂片作负极的锂硫电池第1次循环和第50次循环的放电比容量为952，509.1 mAh/g，前50次循环的容量保持率为53.5%。当电流密度为500 mA/g时，用未处理的锂片作负极的锂硫电池第1次循环和第50次循环的放电比容量分别为981.5，410 mAh/g，前50次循环的容量保持率为42.8%；用经DOL预处理5 min后的锂片作负极的锂硫电池第1次循环和第50次循环的放电比容量分别为952，509.1mAh/g，前50次循环的容量保持率为53.5%。由图可知，当电流密度为500 mA/g时，用未处理的锂片作负极的锂硫电池第1次循环和第50次循环的放电比容量分别为828.4，377.4 mAh/g，前50次循环的容量保持率为45.6%；用经DOL预处理5 min后的锂片作负极的锂硫电池第1次循环和第50次循环的放电比容量分别为804.6，436.9 mAh/g，前50次循环的容量保持率为54.3%。通过对比可以看出，不管充放电电流密度是低（200 mA/g）还是高（500 mA/g），用经DOL预处理的锂片作负极的锂硫电池的循环性能都较好。

与其对应的库仑效率图如图 3.8(b)所示。由图可知,在电流密度为 200 mA/g 下充放电,用未处理的锂片作负极的锂硫电池第 1 次循环和第 50 次循环的库仑效率分别为 60.2% 和 60.3%,前 50 次循环的平均库仑效率为 60%。而用经 DOL 预处理后的锂片作负极的锂硫电池第一次循环和第 50 次循环的库仑效率分别为 70.1% 和 62.3%,前 50 次循环的平均库仑效率为 65%;在电流密度为 500 mA/g 下充放电,用未处理的锂片作负极的锂硫电池第 1 次循环和第 50 次循环的库仑效率分别为 74.7% 和 72%,而用经 DOL 预处理后的锂片作负极的锂硫电池第 1 次循环和第 50 次循环的库仑效率分别为 75.2% 和 78.4%。通过对比可以看出,不管充放电电流密度是低(200 mA/g)还是高(500 mA/g),用经 DOL 预处理的锂片作负极的锂硫电池的库仑效率均略有提高,但效果一般,其原因可能与所使用的电解液有关。由于电解液溶剂中本来就有 DOL,在充放电过程中也会在锂电极表面形成一层保护膜,该膜与预处理锂片形成的膜的性质及作用相似,故用 DOL 预处理锂片对提高锂硫电池的库仑效率作用不大。

图 3.8(c)所示为相应的放电中值电压图。如图所示,当电流密度为 200 mA/g 时,锂片未处理的电池和用 DOL 预处理了锂片的电池前 50 次循环的平均放电中值电压均为 2.08 V;当电流密度增大到 500 mA/g 时,两者前 50 次循环的平均放电中值电压均为 2.05 V。可见,用 DOL 预处理锂片不会对电池的放电中值电压产生明显的影响。

与其对应的放电中值电压图如图 3.8(c)所示。当电流密度为 200 mA/g 时,用未处理的锂片作负极和用经 DOL 预处理的锂片作负极的锂硫电池前 50 次循环的平均放电中值电压均为 2.08 V;当电流密度增大到 500 mA/g 时,两者前 50 次循环的平均放电中值电压均为 2.05 V。可见,当电流密度增大时,电池的极化增大,但用 DOL 预处理锂片基本不影响电池的放电中值电压,也不会加大电池的极化。

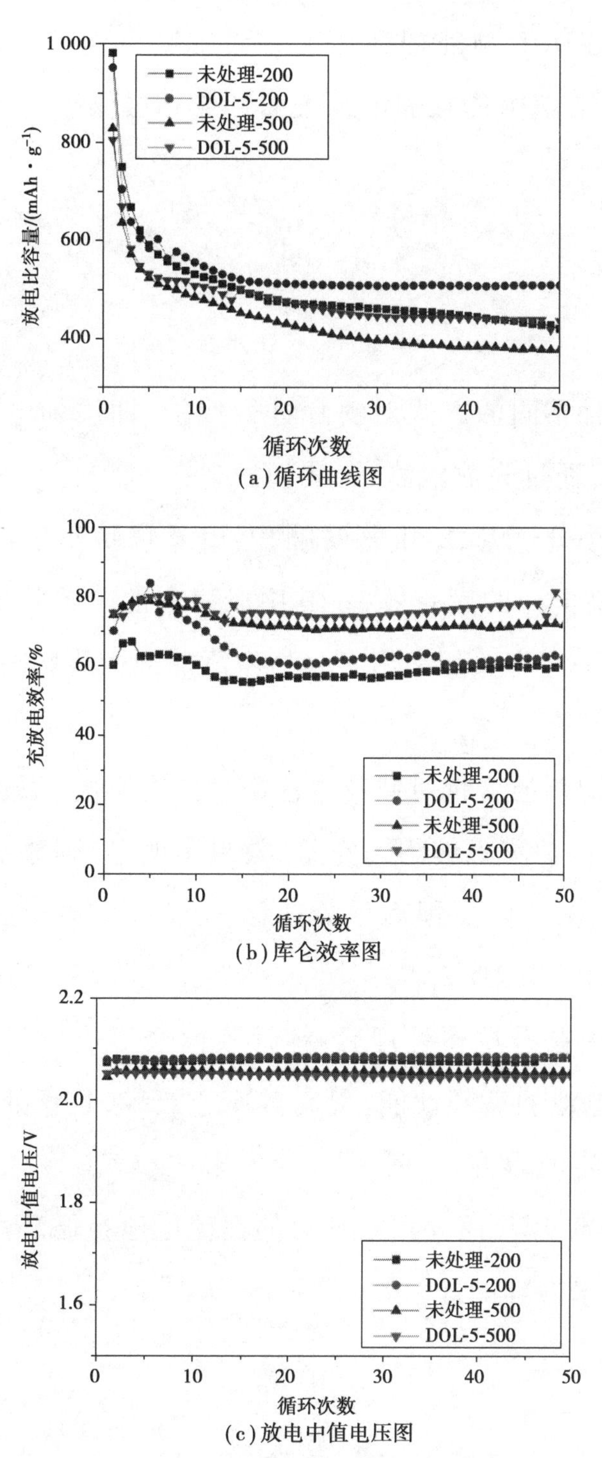

(a)循环曲线图

(b)库仑效率图

(c)放电中值电压图

图 3.8　不同电流下锂片在 1, 3-环氧戊环(DOL)中预处理 5 min 后锂硫电池的电化学性能

综上所述,用 DOL 预处理锂片能有效提高电池的循环性能和倍率性能。其原因可能与 DOL 能在锂电极表面形成一层保护膜有关。

3.4 结 论

分别采用两种不同的方式对锂片进行保护,即添加电解液添加剂和对锂片进行预处理,通过充放电测试,我们发现:

①采用有机小分子苯、2-甲基呋喃、2-甲基噻吩作添加剂,能改善电池的循环性能,提高电池的库仑效率,其中后两者的改善效果更明显,这可能与其成膜机制不一样有关。采用聚合物作添加剂也能影响锂硫电池的电化学性能。

②电解液添加剂的含量对锂硫电池的性能有影响,添加剂的太少,在锂电极表面形成的保护膜不够均匀完整,效果不明显,但添加剂的量太多,形成的表面膜太厚,又会阻碍锂离子的迁移,对 2-甲基呋喃和 2-甲基噻吩而言,最适宜的添加量为 2% 。

③经二氯二甲基硅烷预处理后,锂片表面会形成一层均匀而致密的保护层,从而改善电池的循环性能,提高其库仑效率,且预处理时间对电池的电化学性能有一定的影响。

④锂片经 1, 3-环氧戊环预处理后的锂硫电池在循环性能、库仑效率和倍率性能方面较未处理的好。

参考文献

[1] R. Fang, S. Zhao, Z. Sun, et al. More Reliable Lithium-Sulfur Batter-

ies: Status, Solutions and Prospects [J]. Adv. Mater., 2017, 29(48): 1606823-1606848.

[2] L. Ma, H. L. Zhuang, S. Wei, K. E. Hendrickson, M. S. Kim, G. Cohn, R. G. Hennig, L. A. Archer. Enhanced Li-S batteries by Amine-functionalized carbon nanotubes cathode [J]. ACS Nano., 2016, 10: 1050-1059.

[3] D. C. Lin, Y. Y. Liu, A. L. Pei, et al. Nanoscale perspective: materials designs and understandings in lithium metal anodes[J]. Nano. Res., 2017 :1-24.

[4] H. Kim, G. Jeong, Y.-U. Kim, et al. Metallic anodes for next generation secondary batteries [J]. Chem. Soc. Rev.,2013, 42 (23) : 9011-9034.

[5] S. Shiraishi, K. Kanamura, Z. I. Takehara. Influence of initial surface condition of lithium metal anodes on surface modification with HF [J]. Journal of Applied Electrochemistry, 1999, 29 (7): 867-879.

[6] G. Ma, Z. Wen, M. Wu, et al. A lithium anode protection guided highly-stable lithium-sulfur battery. [J]. Chem. Commun., 2014, 50: 14209-14212.

[7] H. L. Wu, R. T. Haasch, B. R. Perdue, et al. The effect of water-containing electrolyte on lithium-sulfur batteries [J]. Journal of Power Sources, 2017, 369: 50-56.

[8] M. Barghamadi, A. S. Best, A. I. Bhatt, et al. Lithium-sulfur batteries—the solution is in the electrolyte, but is the electrolyte a solution? [J]. Energy Environ. Sci., 2014, 7, 3902-3920.

[9] Z. G. Liang, L. Min, F. G. Jun, et al. The synergetic interaction between $LiNO_3$ and lithium polysulfides for suppressing shuttle effect of lithium-sulfur batteries [J]. Energy Storage Materials, 2018, 11: 24-29.

[10] Doron Aurbach, E. Pollak, R. Elazari, et al. On the surface chemical aspects of very high energy density, rechargeable Li-sulfur batteries [J]. J. Electrochem. Soc., 2009, 156 (8): A694-A702.

[11] Y. M. Lee, J. E. Seo, Y. G. Lee, et al. Effects of triacetoxyvinylsilane as SEI layer additive on electrochemical performance of lithium metal secondary battery [J]. Electochem Solid State Lett., 2007, 10 (9): A216-A219.

[12] K. I. Chung, W. S. Kim, Y. K. Choi. Lithium phosphorous oxynitride as a passive layer for anodes in lithium secondary batteries [J]. J. Electroanal. Chem., 2004, 566: 263-267.

[13] M. Morita, S. Aoki, Y. Matsuda. Ac impedance behavior of lithium electrode in organic electrolyte solutions containing additives [J]. Electrochim. Acta, 1992, 37(1): 119-123.

[14] Y. Matsuda, T. Takemistu, T. Tanigawa, et al. Effect of organic additives in electrolyte solutions of lithium metal anode [J]. J. Power Sources, 2001, 97-98(1-2): 589-591.

[15] M. Mori, Y. Naruok, K. Naoi. Modification of the lithium metal surface by nonionic polyether surfactants: quartz crystal microbalance studies [J]. J. Electrochem. Soc., 1998, 145(7): 2340-2348.

[16] F. Marchioni, K. Star, E. Menke, et al. Protection of lithium metal surfaces using chlorosilanes [J]. Langmuir, 2007(23): 11597-11602.

第 4 章 冠醚对锂的保护

4.1 前言

在锂硫电池中,金属锂在锂硫电池中作负极,充当锂源,可以使锂硫电池获得较高的理论能量密度。但金属锂活性较强,会与电解液作用生成一层 SEI 膜,因此而引发的安全性和稳定性问题也成为阻碍锂硫电池实际应用的难题。而且,金属锂还会与中间产物多硫化锂反应,导致锂电极的钝化并形成锂硫电池内部的 Shuttle 效应,降低锂硫电池的库仑效率,影响锂硫电池的循环性能。因此,如果要有效提高锂硫电池的电化学性能,除了提高硫的导电性外,还要对负极锂进行保护。相比正极硫的各种改性研究,针对负极锂的研究较少。

通过第 3 章的初步尝试,我们也可以看出,在其他锂二次电池中能起到较好作用的电解液添加剂,在锂硫电池体系中虽也起到一定的作用,但效果并不是很理想。其原因可能是这些添加剂所使用的电解液体系不同,而且其他的锂二次电池并不存在锂硫电池的 Shuttle 效应。而 Shuttle 效应对锂负极有较大的影响。显然，必须找到一种更有针对性的物质来对锂硫电池的锂负极进行保护。

冠醚，也叫“大环醚”，是对一系列大环多元醚化合物的总称，因其结构很像西方的王冠而被称为“冠醚”。冠醚最大的特点是具有孔穴结构，能与金属阳离子特别是碱金属离子络合，且络合能力与冠醚的孔穴大小和金属离子的大小有关。基于此，本章选用 3 种孔穴大小与锂离子直径（1.2Å）相近的冠醚对锂负极进行预处理或作为添加剂加入电解液中，希望通过冠醚与锂离子的络合作用在锂电极表面形成一层致密稳定的保护膜，该膜容许锂离子自由通过，但不容许多硫根离子通过，以此来提高锂硫电池的电化学性能。所选用的冠醚主要依据孔穴大小（见表 4.1），有苯并-12-冠-4（B12C4）、苯并-15-冠-5（B15C5）和二苯并-18-冠-6（DB18C6）。3 种冠醚的结构及其与 Li^+ 络合后的结构见图 4.1。

表 4.1　3 种冠醚的孔穴大小

冠醚名称	冠醚简写	孔穴直径/Å
苯并-12-冠-4	B12C4	1.2～1.5
苯并-15-冠-5	B15C5	1.7～2.2
二苯并-18-冠-6	DB18C6	2.6～3.2

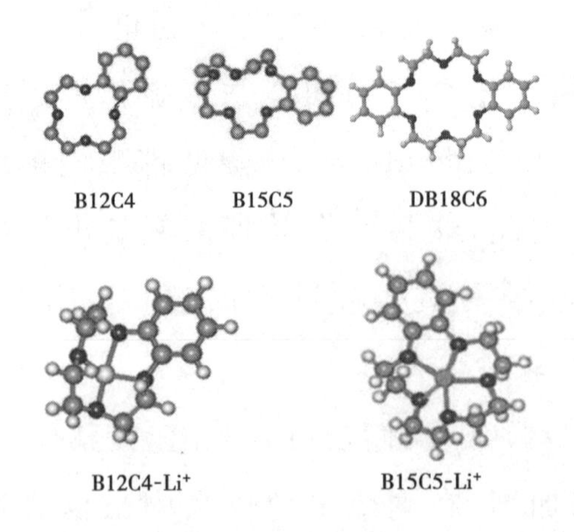

图 4.1　3 种冠醚及其与锂离子络合的结构

4.2　实验部分

4.2.1　正极的制备

按质量比5∶4∶1,分别称取一定量的升华硫(化学纯)、导电碳[乙炔黑(AC)或碳黑Printex XE2(CB)]和聚四氟乙烯(PTFE),放入小烧杯中,用玻璃棒搅拌均匀,滴加适量的异丙醇,再次搅拌均匀后在擀膜机上制成膜。将该膜置于60 ℃下的真空干燥箱中干燥3 h后取出,截取大小一致的圆形膜片,称取质量后,在压片机上将膜片用18 MPa的压力压在大小一致的不锈钢网上,制成硫正极,再放入真空干燥箱中在60 ℃下干燥3 h后备用。

4.2.2　含有添加剂的电解液配制及其对锂电极的预处理

分别称取一定量的电解液添加剂B12C4,B15C5和DB18C6添加到锂硫电池的电解液溶液1 M $LiN(CF_3SO_2)_2$/DOL+DME (1∶1, *w/w*)中,配制成质量分数分别为1%,2%,5%的电解液,记为冠醚名称-质量百分比。例如,DB18C6-1指电解液中含有质量分数为1% DB18C6的电解液。由于DB18C6在电解液中的溶解度较小,只能配制质量分数为1%的电解液。

本章中采用两种方法对锂负极进行保护,一种是将冠醚作为添加剂加入电解液中,即将所配制的含有冠醚的电解液直接作为锂硫电池的新电解液体系,组装成锂硫电池;另一种是对锂电极进行预处理。预处理操作方法如下:将锂电极在所配制的含冠醚的新电解液中浸泡5 min后取出,用电吹风吹干备用。

4.2.3　电池的组装和性能测试

在充满氩气的手套箱(MB200B型,M. Braun GmbH, Germany)中,上述

制备好的硫电极作正极，Celgard 2400 微孔膜为隔膜，锂电极作负极，组装成扣式锂硫电池（CR2016 型），用塑料袋密封好后取出，迅速在电池封装机上封装。

采用蓝电电池测试系统（Land, China）对上述封装好的扣式锂硫电池进行恒流充放电测试，充放电截止电压为 1.5 ~ 3 V，充放电电流密度均为 300 mA/g。

4.3 结果与讨论

4.3.1 导电碳种类的选择

导电碳的种类能影响硫正极的电化学性能，选择合适的导电碳能有效提高锂硫电池的电化学性能。本章先采用工业上常用的两种导电碳，即碳黑 Printex XE2（CB）和乙炔黑（AC），与升华硫进行混合制作硫电极，对比研究导电碳的种类对硫正极的影响，从而选择合适的导电碳来做后续实验。实验中所使用的导电碳的参数如表 4.2 所示。

表 4.2 实验中所使用的导电碳的参数

冠醚名称	乙炔黑（AC）	Printex XE2 （CB）
比表面积/($m^2 \cdot g^{-1}$)	64	1 000
DBP 吸收量/(mL · 100 g)	220	350 ~ 410
平均粒度/nm	20 ~ 50	35
电导率/($S \cdot cm^{-1}$)	5.1	6.2

图 4.2(a) 所示为用 AC 和 CB 作硫正极的导电剂时锂硫电池的循环性能图。由图可知，采用 AC 作导电剂的锂硫电池的第 1 次循环和第 50 次循环的放电比容量分别为 950，419.6 mAh/g，前 50 次循环的容量保持率为 44.2%；采用 CB 作导电剂的锂硫电池的第 1 次循环和第 50 次循环的放电

比容量分别为 1 094.1,501.6 mAh/g,前 50 次循环的容量保持率为 45.8%。对比可知,采用 CB 作导电剂的锂硫电池的放电比容量较高,循环性能较好。

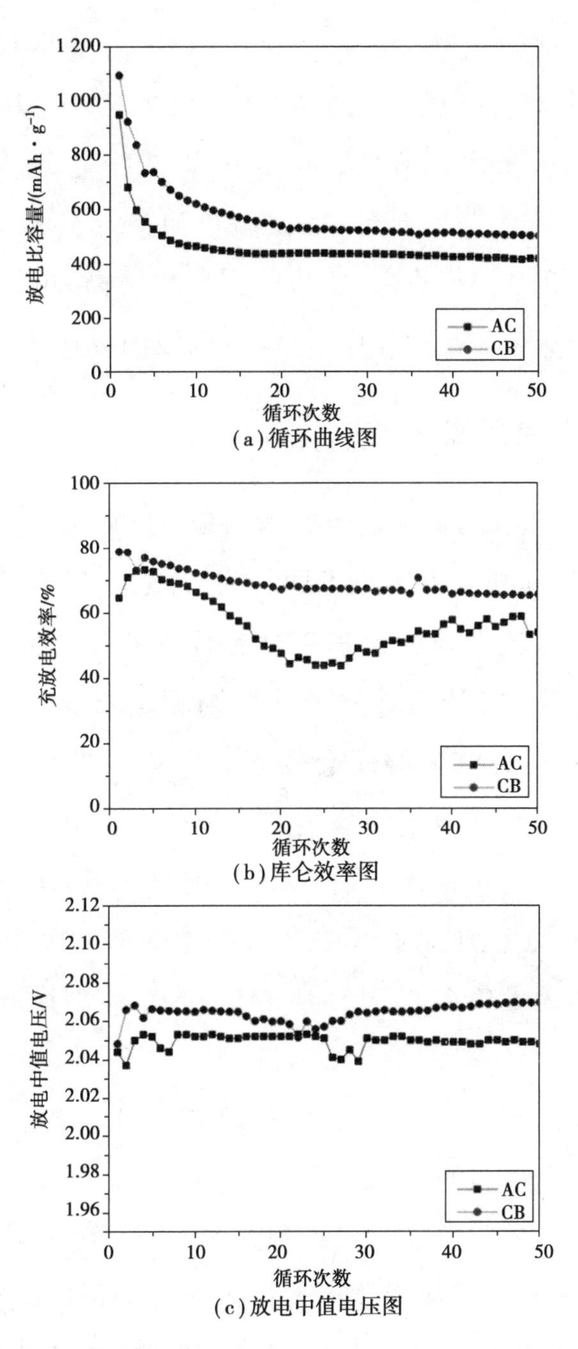

(a)循环曲线图

(b)库仑效率图

(c)放电中值电压图

图 4.2　采用不同的导电碳时锂硫电池的电化学性能

图 4.2(b)为与图 4.2(a)对应的库仑效率图。由图可知,采用 AC 作导电剂的锂硫电池的前 50 次循环的平均库仑效率约为 55%,比采用 CB 作导电剂的锂硫电池的库仑效率低 10%。从图 4.2(c)中可以看出,采用 AC 作导电剂时锂硫电池的放电中值电压也比用 CB 作导电剂时略低。对比可知,采用 CB 作导电剂的锂硫电池的电化学性能较好。其原因可能与这两种碳的导电性能和比表面积有关。由表 4.2 可以看出,CB 的比表面积比 AC 的高,与单质硫接触得更充分,能使硫单质更充分地参加电化学反应;另外,CB 的电导率也比 AC 的高,使硫的利用率更高,电池的放电比容量也更高。因此,后面的实验均采用 CB 作锂硫电池的导电剂。

4.3.2 冠醚作电解液添加剂

(1)冠醚添加剂的种类对锂硫电池电化学性能的影响

冠醚种类不同,其孔穴大小也不同,在锂片表面形成的保护膜的孔穴大小也不同。理想的锂硫电池的保护膜具有合适的孔穴大小和厚度,既能保证锂离子正常地迁移,又能阻挡多硫化物与锂电极接触,这样就能降低电池的 Shuttle 效应并提高电池的库仑效率。本章主要考察 3 种孔穴大小与锂离子直径接近的冠醚作电解液添加剂对锂硫电池电化学性能的影响。

图 4.3(a)为加入电解液添加剂 B12C4,B15C5,DB18C6 时锂硫电池的循环曲线。由图可知,无添加剂时,空白锂硫电池的第 1 次循环和第 40 次循环的放电比容量分别为 1 094.1,515.1 mAh/g,前 40 次循环的容量保持率为 47.1%;当向电解液中分别添加 B12C4,B15C5,DB18C6 后,电池的第 1 次循环的放电比容量略有下降,分别为 971.7,1 022,1 083.8 mAh/g,但第 40 次循环的放电比容量却较空白的高,分别为 649.4,643.1,563.3 mAh/g,前 40 次循环的容量保持率分别为 66.8%,62.9%,52.0%,均比空白的循环性能好。对比可知,冠醚作电解液添加剂能改善锂硫电池的循环性能,且冠醚种类对锂硫电池循环性能的影响表现出一定的规律,即冠醚的孔穴越小,循环性能越好。

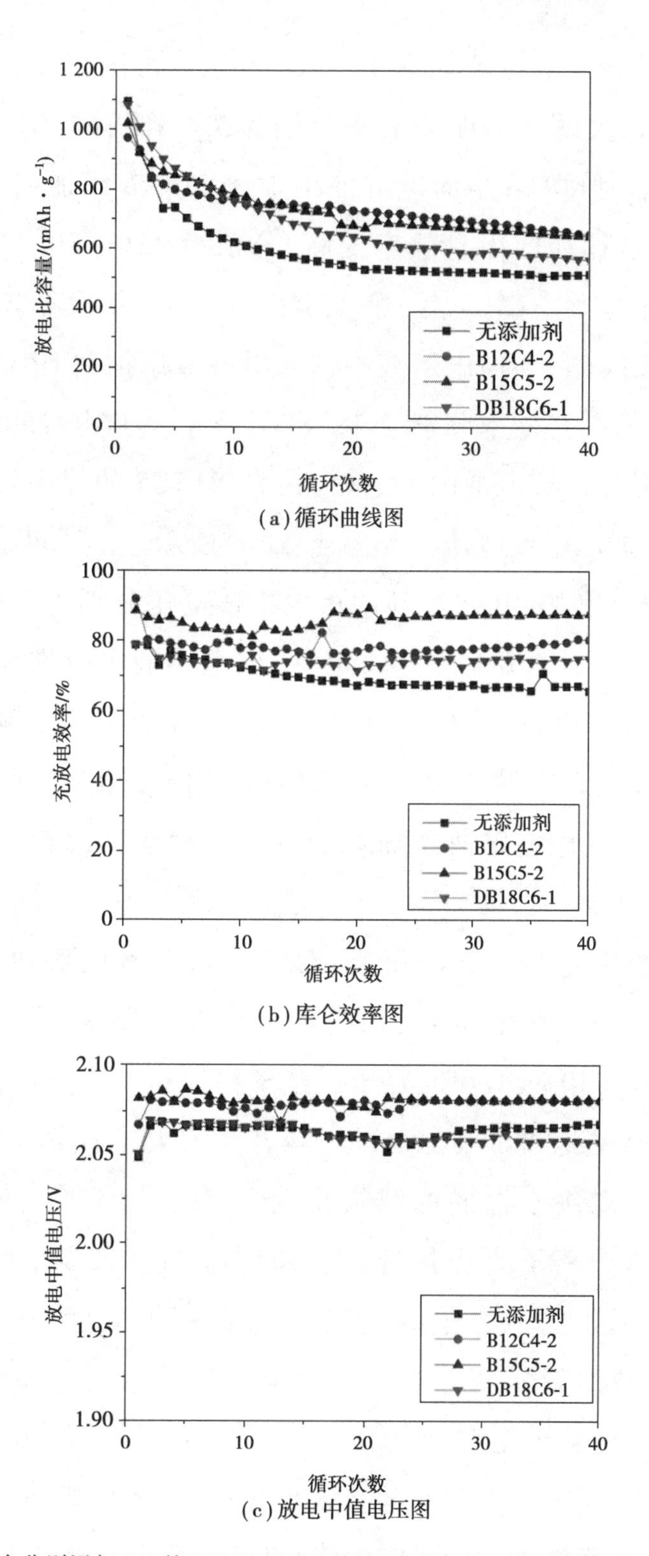

(a)循环曲线图

(b)库仑效率图

(c)放电中值电压图

图 4.3　电解液中分别添加 2% 的 B12C4,B15C5 和 1% 的 DB18C6 时锂硫电池的电化学性能

与其对应的库仑效率图如图 4.3(b)所示。由图可知,无添加剂时,第1次循环和第40次循环的库仑效率分别为78.8%,65.8%,前40次循环的平均库仑效率为60%;当向电解液中加入电解液添加剂B12C4后,第1次循环和第40次循环的库仑效率变高,分别为92%,80.4%;当向电解液中加入电解液添加剂B15C5后,第1次循环和第40次循环的库仑效率分别为88.6%,87.8%;当向电解液中加入电解液添加剂DB18C6后,第1次和第40次循环的库仑效率分别为78.8%,75%。上述结果表明,冠醚作电解液添加剂能提高锂硫电池的库仑效率,且B15C5的提高效果最显著。

与其对应的放电中值电压图如图 4.3(c)所示。由图可知,无添加剂时,电池的第1次循环和第40次循环的放电中值电压分别为2.05, 2.07 V,前40次循环的平均放电中值电压为2.06 V;向电解液中分别加入电解液添加剂B12C4,B15C5,DB18C6后,电池前40次循环的平均放电中值电压分别为2.08,2.08,2.05 V,说明B12C4,B15C5能减小电池的极化。

综上所述,冠醚作电解液添加剂能在一定程度上改善锂硫电池的各种电化学性能,包括循环性能、库仑效率等。且冠醚种类不同,其对锂硫电池电化学性能的影响也有差异。研究结果表明,电解液添加剂苯并-15-冠-5(B15C5)对锂硫电池电化学性能改善的综合效果最好,能将硫的库仑效率平均提高20%,前40次循环的容量保持率约提高15%,平均放电中值电压也提高了0.02 V。这可能与冠醚的结构及孔穴大小有关。因为冠醚与Li^+的络合能力主要取决于冠醚的结构及孔穴尺寸。B12C4,B15C5,DB18C6的孔穴大小均与锂离子直径接近,但DB18C6比B12C4,B15C5多一个苯环,而苯基具有吸附电子的作用,它会使冠醚环上氧原子的供电子能力降低,进而使所形成的冠醚-锂络合物的稳定性降低;由于空间位阻效应,大体积的苯基的引入还会使冠醚大环的灵活性降低,妨碍锂离子靠近分子,影响锂离子的迁移,同时DB18C6的孔穴尺寸较大,不能阻止多硫根离子与锂的接触,因此与前两者相比,DB18C6对锂硫电池电化学性能的改善效果并不明显,甚至会加大锂硫电池的极化。

(2)冠醚添加剂的含量对锂硫电池电化学性能的影响

分别配制质量分数为 1%,2%,5% 的 B12C4 和 B15C5 的电解液,用其作为锂硫电池的电解液来组装电池,并对其进行充放电性能测试来研究冠醚添加剂的含量对锂硫电池电化学性能的影响。

图 4.4(a)给出了用含质量分数分别为 1%,2%,5% 的 B12C4 的电解液组装成的锂硫电池的循环曲线。由图可知,无添加剂时,空白锂硫电池的第 1 次循环和第 50 次循环的放电比容量分别为 1 094.1,501.6 mAh/g,前 50 次循环的容量保持率为 45.8%;当向电解液中添加质量分数为 1%,2%,5% 的 B12C4 后,锂硫电池第 1 次循环的放电比容量有所下降,分别为 1 089.4,971.7,654 mAh/g,第 50 次循环的放电比容量分别为 501.6,589.5,515.6 mAh/g,前 50 次循环的容量保持率分别为 54.1%,61.4%,78.9%。通过上述对比可知,随着电解液添加剂 B12C4 的增加,锂硫电池第 1 次循环的放电比容量逐渐下降,电池的容量保持率逐渐升高。

与其对应的库仑效率图如图 4.4(b)所示。由图可知,无添加剂时,第 1 次循环和第 50 次循环的库仑效率分别为 78.8%,65.6%,前 50 次循环的平均库仑效率为 68%;当向电解液中分别加入质量分数为 1%,2%,5% 的 B12C4 后,锂硫电池第 1 次循环的库仑效率变高,分别为 86%,92%,99.9%,第 50 次循环的库仑效率也有所增加,分别为 80%,84.6%,91.6%,前 50 次循环的平均库仑效率分别为 78.4%,80%,90%。由此可知,添加剂 B12C4 的含量能在一定程度上影响锂硫电池的库仑效率,且随着添加剂 B12C4 含量的增加,平均库仑效率逐渐升高。其原因可能是添加剂含量越大,在锂表面形成的保护膜也越厚,对锂电极的保护也越强,容量保持率和平均库仑效率会变高。

但另一方面,当电解液添加剂 B12C4 的含量过大时,形成的保护膜太厚,会影响锂离子的迁移,加大电池的极化。这点可从与其对应的放电中值电压图(图 4.4(c))中看出。由图可知,无添加剂时,电池前 50 次循环的平均放电中值电压为 2.06 V;当向电解液中添加质量分数分别为 1%,

2%,5%的B12C4后,电池前50次循环的平均放电中值电压分别为2.08,2.09,2.05 V,说明电池的极化增加。这应该是由锂片表面锂离子传输受阻引起的。

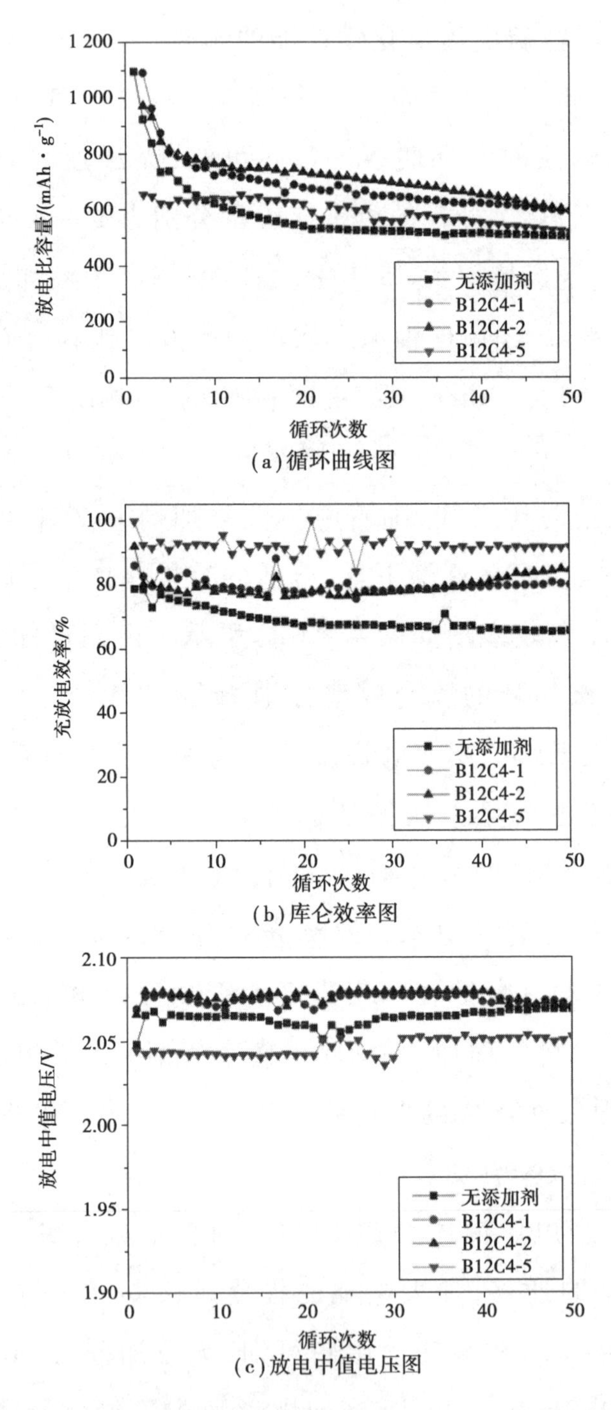

(a)循环曲线图

(b)库仑效率图

(c)放电中值电压图

图4.4　在电解液中添加质量分数分别为1%,2%,5%的B12C4时锂硫电池的电化学性能

由上述讨论可知，电解液添加剂B12C4的含量能影响锂硫电池的电化学性能，对B12C4而言，最适宜的添加量为2 %（质量分数），此时锂硫电池的综合电化学性能较好。这可能是因为在充放电过程中，B12C4可以在锂电极表面形成一层具有合适大小孔穴的保护膜，这层膜既能保证锂离子的正常进出，又能阻止多硫化锂与锂电极的接触，减缓电池的Shuttle效应，提高电池的库仑效率和循环效率。而添加剂B12C4的含量会直接影响保护膜的厚度及均匀完整程度，当添加剂B12C4的含量太小时，形成的膜太薄或对锂片表面的覆盖不够均匀完整，保护效果不明显，但若添加剂B12C4的含量过大，形成的膜会太厚，会妨碍锂离子的迁移，导致电池的放电比容量下降和放电中值电压降低。

随后我们用相同方法研究了冠醚B15C5的含量对锂硫电池电化学性能的影响。图4.5(a)给出了用质量分数分别为1%，2%，5%的添加剂B15C5的电解液组装成的锂硫电池的循环曲线。总体而言，在电解液中添加B15C5后，电池充放电性能的变化趋势与添加B12C4时相同。具体表现如下：当在电解液中添加质量分数分别为1%，2%，5%的添加剂B15C5后，电池第1次循环的放电比容量比无添加剂时的1 094.1 mAh/g低，分别为1 037.3，1 022.0，710.1 mAh/g，但前50次循环的容量保持率则比无添加剂时的45.8%高，分别为57.5%，59.6%，70.8%。这说明随着添加剂B15C5的含量增大，电池第1次循环的放电比容量逐渐下降，前50次循环的容量保持率逐渐升高。其原因可能是添加剂含量越大，在锂表面形成的保护膜也越厚，对锂电极的保护也越强，锂硫电池的容量保持率和平均库仑效率会变高。

与其对应的库仑效率图如图4.5(b)所示。由图可知，无添加剂时，第1次循环和第50次循环的库仑效率分别为78.8%，65.6%，前50次循环的平均库仑效率为68%；当向电解液中分别加入质量分数为1%，2%，5%的B15C5后，电池第一次循环的库仑效率有较大的提高，分别为83.4%，88.6%，90.4%，第50次循环的库仑效率有更大的提高，分别为82.3%，

89.4%,89.3%,前50次循环的平均库仑效率分别为80%,88%,90%。由此可知,随着添加剂B15C5含量的增加,平均库仑效率逐渐升高。

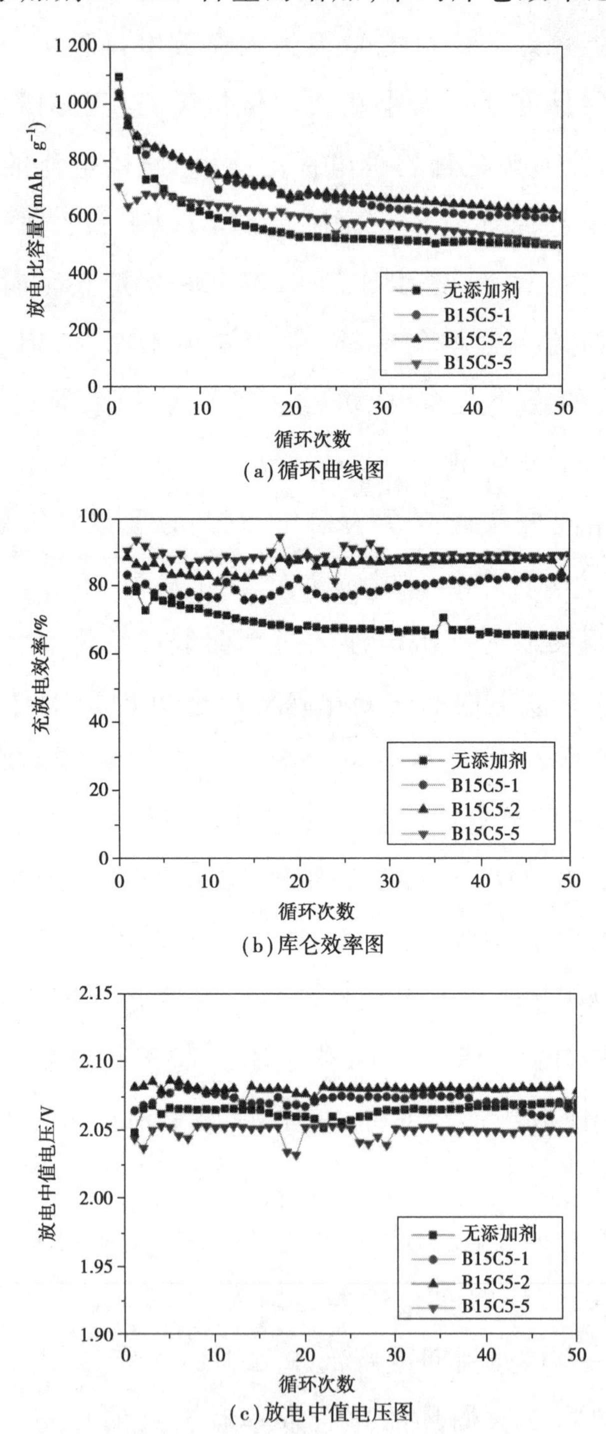

(a)循环曲线图

(b)库仑效率图

(c)放电中值电压图

图4.5 在电解液中添加质量分数分别为1%,2%,5%的B15C5时锂硫电池的电化学性能

与其对应的放电中值电压也呈现出与添加 B12C4 一样的趋势，见图 4.5(c)。无添加剂时，前 50 次循环的平均放电中值电压为 2.06 V；分别添加质量分数为 1%，2%，5% 的添加剂 B15C5 后，前 50 次循环的平均放电中值电压分别变为 2.07，2.08，2.05 V。这说明如果添加剂 B15C5 的含量过大，同样会加大锂硫电池的极化。

由上述讨论可知，与 B12C4 类似，电解液添加剂 B15C5 的含量能影响锂硫电池的电化学性能，对 B15C5 而言，最适宜的添加量也为 2%（质量分数），此时锂硫电池的综合电化学性能较好。其原因与 B12C4 的含量对锂硫电池电化学性能的影响类似，这里不再阐述。

4.3.3　冠醚对锂片的预处理

经过上述讨论，可知冠醚作电解液添加剂的最佳含量是 2%（质量分数）。下面将考察用冠醚预处理锂电极对锂硫电池电化学性能的影响，方法如下：将锂片分别在质量分数为 2% 的 B12C4，B15C5 和质量分数为 1% 的 DB18C6（因为 DB18C6 在电解液中的溶解度较低，无法获得质量分数为 2% 的电解液）的电解液中直接浸泡 5 min 后取出，用电吹风冷风吹干备用。

图 4.6(a) 给出了用含有 B12C4，B15C5，DB18C6 的电解液预处理 5 min后的锂片作负极的锂硫电池的循环曲线。如图所示，用未处理的锂片作负极的锂硫电池的第 1 次循环和第 40 次循环的放电比容量分别为 1 094.1，515.1 mAh/g，前 40 次循环的容量保持率为 47.1%；锂片在含有 B12C4 的电解液中预处理 5 min 后的电池的第 1 次循环和第 40 次循环的放电比容量分别为 1 115.9，641.5 mAh/g，前 40 次循环的容量保持率提高到了 57.5%；锂片在含有 B15C5 的电解液中预处理 5 min 后的电池的第 1 次循环和第 40 次循环的放电比容量分别为 1 100.2，689.9 mAh/g，前 40 次循环的容量保持率提高到了 62.7%；锂片在含有 DB18C6 的电解液中预处理 5 min 后的电池的第 1 次循环和第 40 次循环的放电比容量分别为 1 099.8，602.2 mAh/g，前 40 次循环的容量保持率提高到了 54.8%。对比

可知,锂片经含有冠醚的电解液预处理后,锂硫电池的放电比容量和容量保持率均有较明显的提高,且经含有 B15C5 的电解液预处理后的锂片作负极的锂硫电池的放电比容量和容量保持率提高的程度最大。将上述结果与图 4.3(a)对比可知,两种锂保护方式对锂硫电池的电化学性能的影响效果略有不同,当冠醚作为电解液添加剂时,B12C4 对电池的循环性能的改善效果较好,但是电池的第 1 次放电比容量会降低;而用含冠醚的电解液预处理锂片后,电池的第 1 次放电比容量基本与空白电池相当,但用含有 B15C5 的电解液预处理锂片对锂硫电池循环性能的改善效果较好。这可能是因为采用不同锂保护方式所形成的表面膜的机理不同或表面膜的厚度也不同,为此我们还需进一步分析验证。

图 4.6(b)给出了与之对应的库仑效率图。如图所示,用未处理的锂片作负极的锂硫电池的第 1 次循环和第 40 次循环的库仑效率分别为78.8%,67.2%,前 40 次循环的平均库仑效率为 68%;当锂片经含有添加剂 B12C4 的电解液预处理后,锂硫电池的第 1 次循环和第 40 次循环的库仑效率均有所提升,分别为 85%,87%,前 40 次循环的平均库仑效率也提高到了 86%;当锂片经含有添加剂 B15C5 的电解液预处理后,锂硫电池的第 1 次循环和第 40 次循环的库仑效率提升幅度更大,分别为 88.3%,90.8%,前 40 次循环的平均库仑效率提高到了 90%;当锂片经含有添加剂 DB18C6 的电解液预处理后,锂硫电池的第 1 次循环和第 40 次循环的库仑效率提高得较少,分别为 84.8%,80.4%,前 40 次循环的平均库仑效率提高到了 80%。以上结果说明用含有冠醚的电解液预处理锂片均能使电池的库仑效率有较大的提高,其中用含有 B15C5 的电解液对锂片预处理后的提升幅度最大。与图 4.3(b)对比可知,用含冠醚的电解液预处理锂片对电池的库仑效率的改善作用优于用冠醚作添加剂的方式。其原因可能是这两种方式形成的表面膜的机理不同或表面膜的厚度不同有关,是否如此还需进一步用实验分析验证。

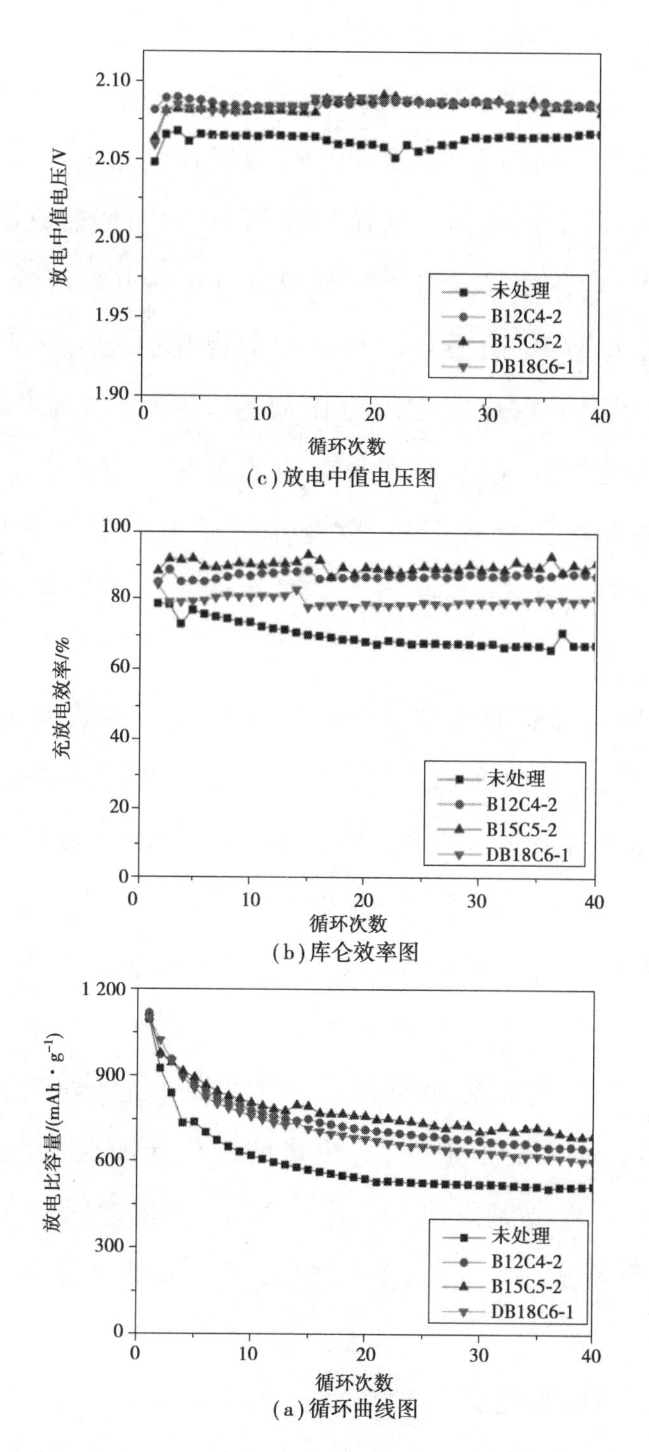

(c)放电中值电压图

(b)库仑效率图

(a)循环曲线图

图4.6　锂片在含有B12C4,B15C5,DB18C6的电解液中预处理后锂硫电池的电化学性能

图4.6(b)给出了与之对应的放电中值电压。由图可知,用未处理的锂片作负极的锂硫电池的第1次循环和第40次循环的放电中值电压分别

为2.05,2.07 V,前40次循环的平均放电中值电压为2.06 V;当锂片经含有添加剂B12C4的电解液预处理后,锂硫电池的第1次循环和第40次循环的放电中值电压分别为2.08,2.09 V;当锂片经含有添加剂B15C5的电解液预处理后,锂硫电池的第1次循环和第40次循环的放电中值电压分别为2.06,2.08 V;当锂片经含有添加剂DB18C6的电解液预处理后,锂硫电池的第1次循环和第40次循环的放电中值电压分别为2.06,2.08 V。三者的前40次循环的平均放电中值电压均为2.09 V。结果表明,用含冠醚的电解液预处理锂片后,能减小锂硫电池的极化。与图4.3(c)对比可知,对用含冠醚的电解液预处理锂片,就减小锂硫电池的极化作用而言,也优于用冠醚作添加剂的方式,其原因可能是这两种方式所形成的表面膜的厚度不同。

综上可知,用含冠醚的电解液预处理锂片能有效改善锂硫电池的放电比容量、循环性能及库仑效率,且其综合效果比用冠醚作添加剂的方式更好。其中锂片经含有质量分数为2%的B15C5的电解液预处理后的改善效果最好。所以,后续实验大多采用预处理锂片的方式进行。

为了进一步弄清预处理锂片影响锂硫电池电化学性能的原因,我们重点研究了锂片在电池充放电前后的形貌特征。图4.7给出了用含冠醚的电解液预处理前后锂片表面的SEM图。由图可知,预处理前的锂片表面有一层自然膜,该膜表面不是很平整,有少量的白色光泽点,可能是用镊子取出时的划痕使新鲜的锂金属露出(见图4.7(a)),用含冠醚的电解液预处理后的锂片表面则形成了一层较为平整而均匀的膜(见图4.7(b)、(c)、(d))。

图4.8所示为用含冠醚的电解液预处理前后的锂片截面的SEM图,图(a)、(b)为预处理前的锂片,图(c)、(d),图(e)、(f),图(g)、(h)分别是用含有B12C4,B15C5,DB18C6的电解液预处理5 min后的锂片,图(a)、(c)、(e)、(g)中的箭头所指的区域为锂片的截面,图(b)、(d)、(f)、(h)

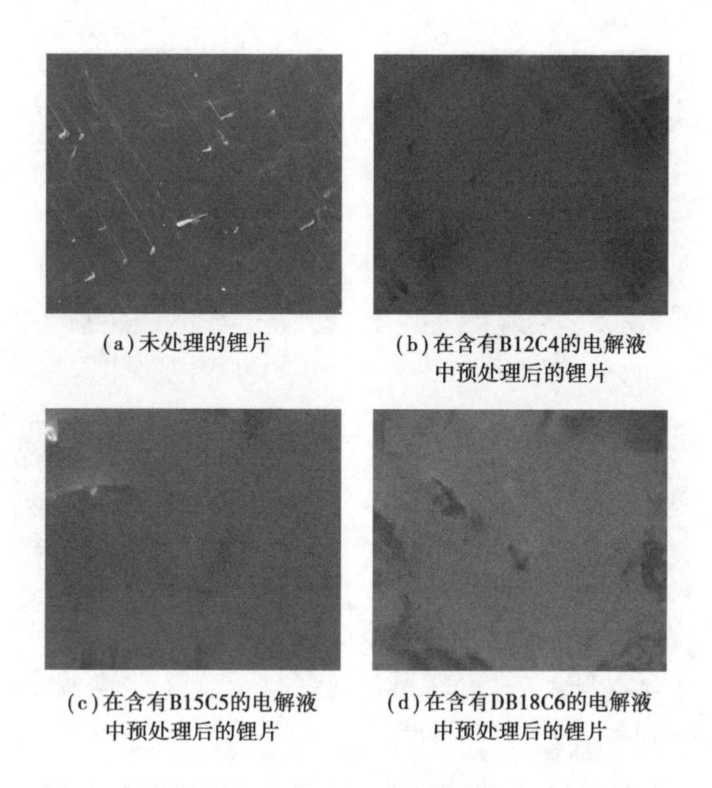

(a)未处理的锂片　(b)在含有B12C4的电解液中预处理后的锂片

(c)在含有B15C5的电解液中预处理后的锂片　(d)在含有DB18C6的电解液中预处理后的锂片

图 4.7　预处理前后锂片表面的 SEM 图

中的箭头所指的区域为对应区域放大后的表面膜。由图 4.8(a)可知,预处理前的锂片厚度约为 400 μm,其表面有一层自然膜。这是在制备和存储过程中由于锂的活性很强而生成的一层钝化膜,其主要成分是锂盐或锂氧化物,放大后(见图 4.8(b))可看出,该钝化膜厚度约为微米数量级。对比可知,在含 B12C4,B15C5,DB18C6 的电解液中预处理后的锂片,其表面膜的厚度与预处理前差不多。

综合图 4.7 和图 4.8,我们可以得出这样的结论:用含冠醚的电解液预处理后的锂片表面会形成一层新的表面膜,该膜的厚度用 SEM 观察不出有明显的区别,但其表面更为平整均匀。预处理前后锂片的表面形貌是否会在充放电后产生更大的差异呢?我们分别用经含有三种冠醚的电解液预处理后的锂片作锂硫电池的负级,在相同条件下与用未进行预处理的锂片作负极的电池进行对比研究,充放电循环 40 次后,在充满氩气的手套箱中拆开电池,将锂片取出,并用 SEM 分析其形貌特征。

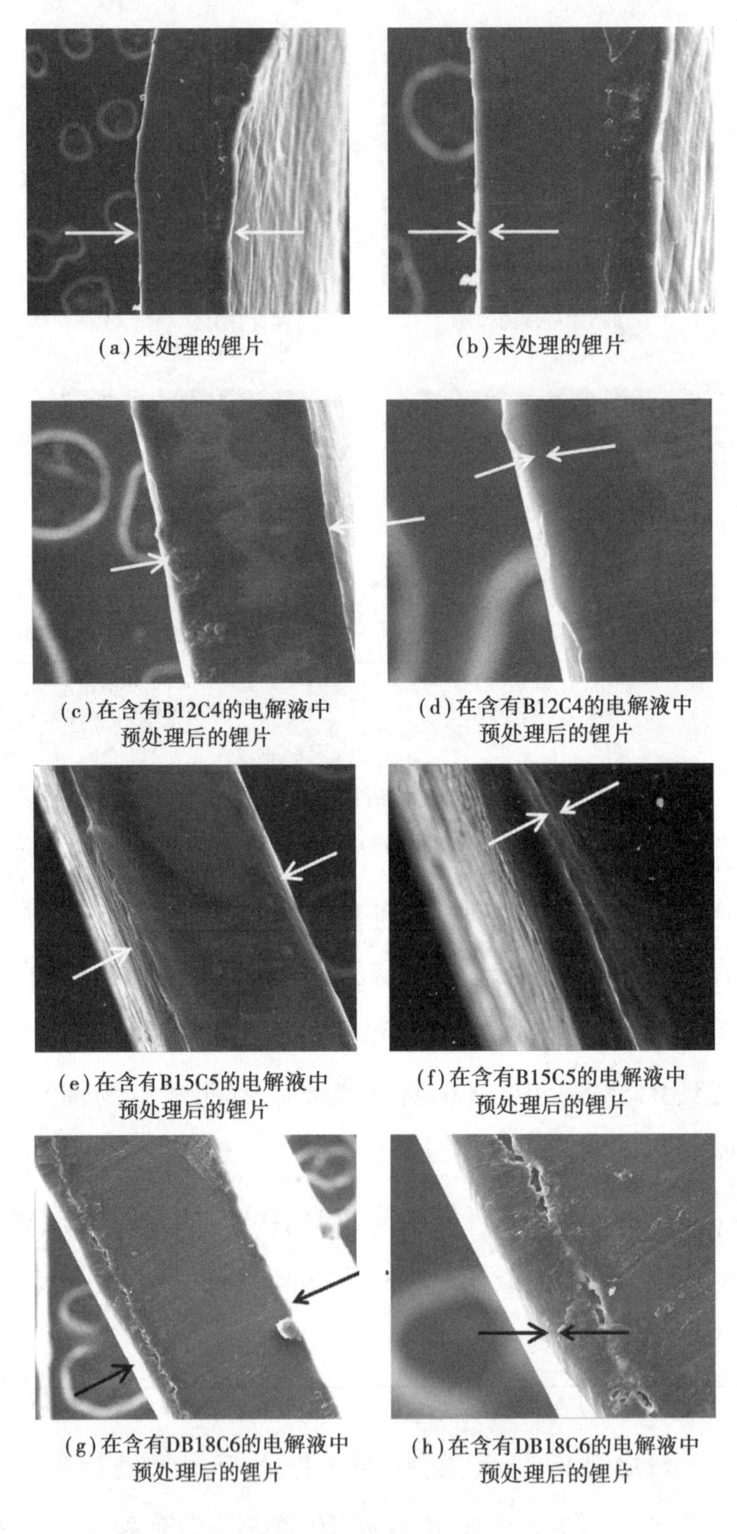

(a)未处理的锂片

(b)未处理的锂片

(c)在含有B12C4的电解液中预处理后的锂片

(d)在含有B12C4的电解液中预处理后的锂片

(e)在含有B15C5的电解液中预处理后的锂片

(f)在含有B15C5的电解液中预处理后的锂片

(g)在含有DB18C6的电解液中预处理后的锂片

(h)在含有DB18C6的电解液中预处理后的锂片

图 4.8 预处理前后锂片截面的 SEM 图

图4.9为充放电循环40次后的锂片表面的SEM图。从图4.9(a)中可以看出,未经过预处理的锂片在充放电循环40次后,表面很不均匀且不规整,其放大后的SEM图如图4.9(b)所示,锂片表面有很大的颗粒状物质生成,这可能是由 Li_2S 或 Li_2S_2 的不均匀沉积造成的。从图4.9(c)、(e)、(g)中可以看出,经冠醚预处理后的锂片在充放电循环40次后,其表面都较均匀完整,即使在放大了的图片上也看不到颗粒状凸起[见图4.9(d)、(f)、(h)],尤其是经含B15C5的电解液处理后的锂片,在充放电循环40次后,其表面仍然很致密,且无裂缝[见图4.9(f)],这可能也是B15C5对锂硫电池性能的改善效果最明显的原因。由此可见,用冠醚处理锂片对锂硫电池性能改善的直接原因很可能是它能够显著改善锂片表面膜的状态,使锂负极在充放电过程中保持均匀的锂沉积和规整的SEI膜。

图4.10充放电为循环40次后的锂片截面的SEM图,其中图(a)、(b)中为未处理的锂片,图(c)、(d),图(e)、(f),图(g)、(h)中分别为经含有B12C4,B15C5,DB18C6的电解液预处理后的锂片,图(a)、(c)、(e)、(g)中箭头所指的区域为锂片的钝化层,图(b)、(d)、(f)、(h)中箭头所指的区域为对应区域的放大图。从图4.10中可以看出,所有锂片在充放电循环后都覆了一层钝化层,这很可能是由于金属锂或 Li_2S/Li_2S_2 在锂负极的沉积引起的,未经过预处理的锂片充放电循环后的钝化层的厚度约为20 μm,经含B12C4,B15C5,DB18C6的电解液预处理后,锂片表面的钝化层的厚度较小,分别为8, 5, 10 μm。显然,这一现象间接证明了冠醚对锂片的保护作用。由于冠醚保护层的存在,在充放电循环过程中,锂片受到多硫化物的腐蚀较小,因此更容易获得稳定、致密且较薄的钝化层;而未经预处理的锂片,其表面的SEI膜因多硫化物与锂的反应被反复破坏,反复再生,钝化层的厚度不断增大。同时,对比经三种冠醚预处理后的锂片的钝化层的厚度我们看到,经B15C5预处理后的锂片的钝化层最薄,经DB18C6预处理后的锂片的钝化层最厚。据此大致可以推测,B15C5的保护作用最好,

这一点与电化学测试的结果吻合。

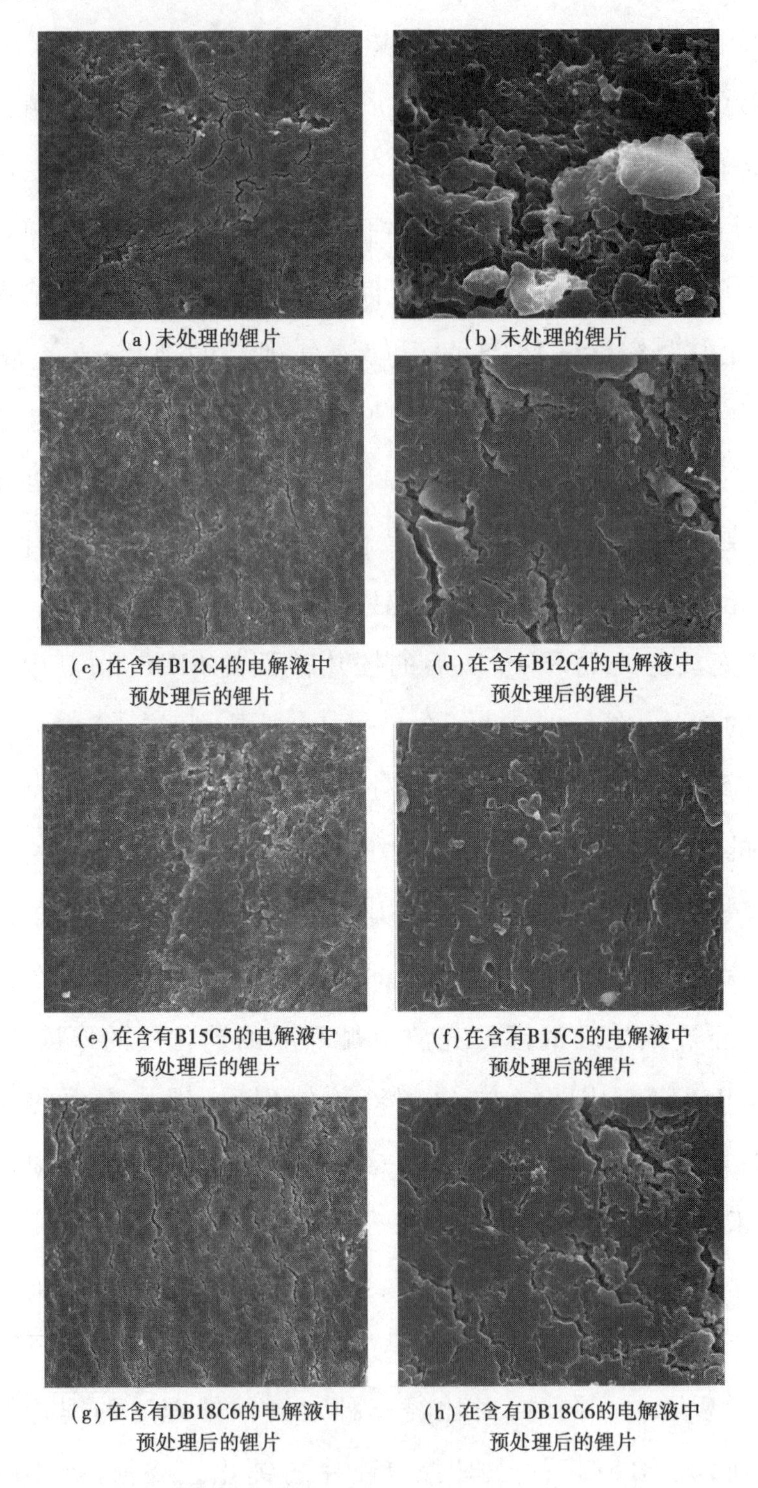

(a)未处理的锂片　(b)未处理的锂片

(c)在含有B12C4的电解液中预处理后的锂片　(d)在含有B12C4的电解液中预处理后的锂片

(e)在含有B15C5的电解液中预处理后的锂片　(f)在含有B15C5的电解液中预处理后的锂片

(g)在含有DB18C6的电解液中预处理后的锂片　(h)在含有DB18C6的电解液中预处理后的锂片

图 4.9　充放电循环 40 次后锂片表面的 SEM 图

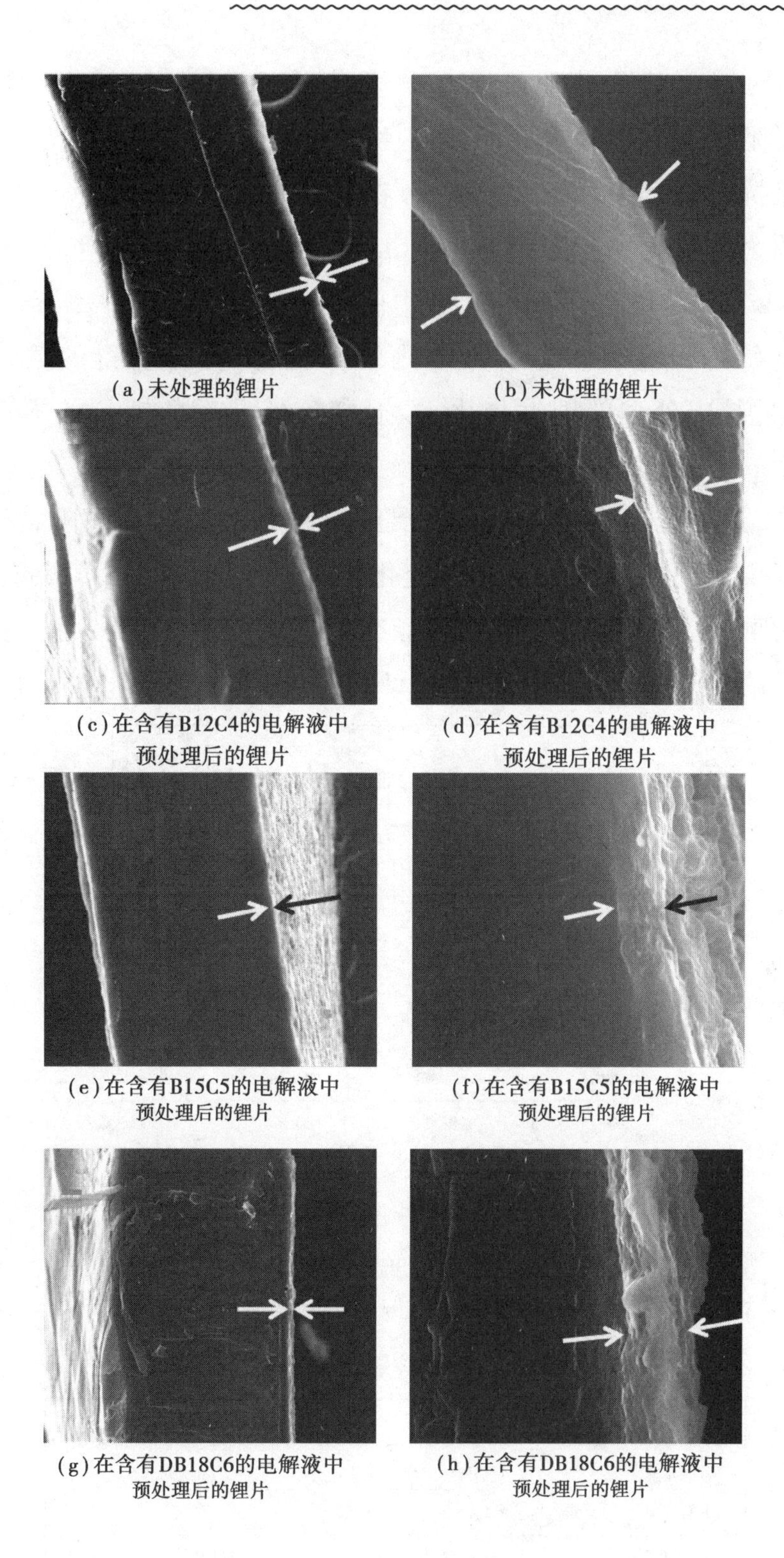

(a)未处理的锂片

(b)未处理的锂片

(c)在含有B12C4的电解液中预处理后的锂片

(d)在含有B12C4的电解液中预处理后的锂片

(e)在含有B15C5的电解液中预处理后的锂片

(f)在含有B15C5的电解液中预处理后的锂片

(g)在含有DB18C6的电解液中预处理后的锂片

(h)在含有DB18C6的电解液中预处理后的锂片

图 4.10　充放电循环 40 次后锂片截面的 SEM 图

为了进一步弄清预处理对锂负极的影响，我们对充放电循环5次后的锂片进行了阻抗测试，测试结果如图4.11所示，其中，插图为其等效电路图。所有阻抗测试都采用三电极体系在开路电位下进行。如插图所示，等效电路由两个并联电路串联而成，其中，R_s代表溶液电阻，R_f为SEI层的电阻，可表示Li^+在锂电极表面SEI层中的扩散阻力大小；R_{ct}表示SEI层和锂电极间的电荷转移电阻。为了方便比较，我们将拟合所得的R_f和R_{ct}值列于表4.3中，与未处理的锂片相比，经冠醚预处理后的锂片的R_f和R_{ct}值均有不同程度的下降，其中，经B15C5预处理后的锂片的R_f和R_{ct}值最小。上述结果表明，预处理能有效降低SEI层的电阻和溶液转移电阻，其原因应该与我们对图4.10中锂片截面SEM变化的分析一样。因此，根据SEM观察和交流阻抗测试，我们认为，预处理能有效保护锂片不受侵蚀，有利于形成稳定而致密的SEI层，促进锂离子在SEI层中扩散。

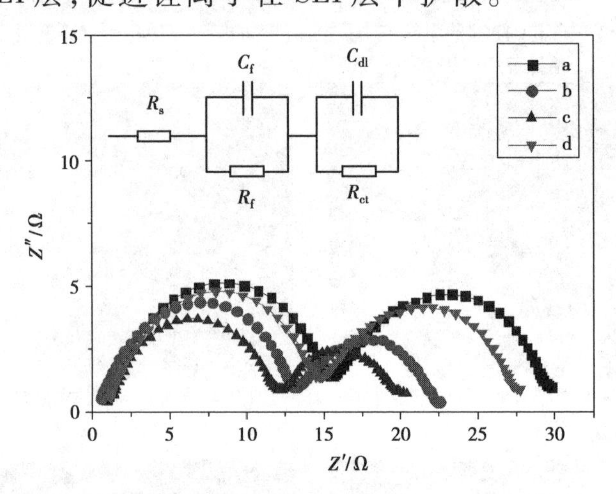

图4.11 充放电循环5次后锂片的阻抗图

a—未处理的锂片；b—在含有B12C4的电解液中预处理后的锂片；c—在含有B15C5的电解液中预处理后的锂片；d—在含有DB18C6的电解液中预处理后的锂片

表4.3 由图4.11中的等效电路图拟合所得的结果

处理试剂	R_f/Ω	R_{ct}/Ω
未处理	16.0	14.8
B12C4	13.2	9.3
B15C5	11.2	8.4
DB18C6	15.0	14.3

4.4　结　论

选用 3 种孔穴大小与锂离子直径相当的冠醚作电解液添加剂，或用含有这三者的电解液对锂片进行预处理，通过充放电循环测试和阻抗测试分析，得出以下结论：

①导电碳的选择对锂硫电池的电化学性能有较大的影响。选用具有较大比表面积和较高电导率的导电碳能有效提高硫的利用率，进而提高锂硫电池的放电比容量、循环性能和库仑效率。

②冠醚的种类对锂硫电池的电化学性能有影响。研究表明，用含质量分数为 2% 的 B15C5 的电解液预处理锂片，对电池的电化学性能改进效果最好。其原因很可能是冠醚能通过络合或吸附作用在锂表面形成一层均匀致密并有孔穴且孔穴大小合适的保护膜，该膜既能保证锂离子的正常进出，又能有效阻止多硫化物与锂的反应。

③冠醚电解液添加剂的含量对锂硫电池的电化学性能有影响，若电解液添加剂的量太少，在锂电极表面形成的膜不够均匀完整，对电池性能的改善效果一般，但电解液添加剂的量太多，形成的表面膜太厚，会阻碍锂离子的传输，对 B12C4 和 B15C5 而言，最合适的添加量为 2%（质量分数）。

参考文献

[1] D. C. Lin, Y. Y. Liu, Y. Cui. Reviving the lithium metal anode for high-energy batteries [J]. Nat. Nanotechnol, 2017, 12: 194-206.

[2] H. Yamin, J. Penciner, A. Gorenshtain, et al. The electrochemical behavior of polysulfides in tetrahydrofuran [J]. J. Power Sources, 1985, 14 (1-3): 129-134.

[3] N. Xu, T. Qian, X. J. Liu, et al. Greatly suppressed shuttle effect for improved lithium sulfur battery performance through short chain intermediates [J]. Nano Lett., 2017, 17 (1): 538-543.

[4] T. Osaka, T. Momma, Y. Matsumoto, et al. Effect of carbon dioxide on lithium anode cycleability with various substrates [J]. J. Power Sources, 1997, 68 (2): 497-500.

[5] S. Kim, Y. Jung, S. J. Park. Effects of imidazolium salts on discharge performance of rechargeable lithium-sulfur cells containing organic solvent electrolytes [J]. J. Power Sources, 2005, 152(1): 272-277.

[6] E. Karkhaneei, M. H. Zebrajadian, M. Shamsiour. Lithium-7 NMR study of several Li^+-crown ether complexes in binary acetone-nitrobenzene mixtures [J]. J. Incl. Phenom. Macrocycl. Chem., 2001, 40(4): 309-312.

[7] N. Alizadeh. A comparison of complexation of Li^+ ion with macrocyclic ligands 15-crown-5 and 12-crown-4 in binary nitromethane-acetonitrile mixtures by using lithium-7 NMR technique and ab initio calculation [J]. Spectrochim. Acta, Part A, 2011, 78(1): 488-493.

[8] C. Naudin, J. L. Bruneel, A. Chami, et al. Characterization of the lithium surface by infrared and Raman spectroscopies [J]. J. Power Sources, 2003, 124(2): 518-525.

[9] M. F. Wu, Z. Y. Wen, Y. Liu, et al. Electrochemical behaviors of a Li_3N modified Li metal electrode in secondary lithium batteries [J]. J. Power Sources, 2011, 196(19): 8091-8097.

第 5 章 锂硫电池正负极综合改性

5.1 前　言

在前面章节我们研究了正极硫与碳的复合技术和负极锂的保护作用。我们首先采用溶剂转化法成功合成了均匀分散的S/C复合正极材料,然后采用冠醚作电解液添加剂或用含冠醚的电解液对锂片进行预处理来保护锂负极材料。研究结果表明,两者均能有效提高锂硫电池的循环性能和放电比容量。

如前所述,硫正极的放电中间产物多硫化锂在电解液中的溶解及其与锂反应生成的难溶产物硫化锂和二硫化锂导致硫正极活性物质损失,进而使电池的循环性能变差。研究表明,利用纳米过渡金属氧化物的吸附性能,将其与硫正极复合可以减少硫的溶解损失,部分纳米金属氧化物对锂硫电池的电化学反应还有催化作用。

介孔 TiO_2 广泛应用于光电器件、气体传感和光催化等领域，锐钛矿型 TiO_2 还可以用作锂二次电池的负极材料。本章首先采用水热法制得介孔级的 TiO_2，然后进一步利用溶剂转化法合成 S/TiO_2 复合材料，通过介孔 TiO_2 对多硫化锂的吸附和催化作用来提高锂硫电池的循环性能。同时，通过用 B15C5 对锂负极进行预处理来改善锂硫电池的库仑效率。利用两者的协同作用，更好地提高锂硫电池的电化学性能。

5.2 实验部分

5.2.1 化学试剂

升华硫（上海国药化学试剂有限公司，分析纯）、$Ti(SO_4)_2$（上海化学试剂厂，化学纯）、CTAB（十六烷基三甲基溴化铵，上海三浦科技有限公司，分析纯）、NaCl（上海化学试剂厂，化学纯）、乙醇（上海化学试剂厂，分析纯）、B15C5（苯并-15 冠-5，东京化成，分析纯）。

5.2.2 材料合成

采用水热法合成介孔 TiO_2，步骤如下：按物质的量比 $Ti(SO_4)_2$∶CTAB = 1∶0.12分别称取一定量的 $Ti(SO_4)_2$ 和 CTAB，并分别将其溶解配成溶液。在磁力搅拌下，将 $Ti(SO_4)_2$ 溶液逐滴滴加到 CTAB 溶液中，此时得到悬浊液。再用稀氨水将体系的 pH 值调节到 9，再继续磁力搅拌 30 min 后，将絮状悬浊液移至 100 mL 水热反应釜（见图 5.1）中，在 100 ℃下水热反应处理 72 h。冷却后，离心分离沉淀物，并分别用蒸馏水及无水乙醇各洗 3 遍，得白色固体。再将该固体转移到 NaCl 的水/乙醇（体积比为 1∶1）饱和溶液中，在 30 ℃下磁力搅拌 5 h。再离心分离，洗涤，于 120 ℃下烘干。最后将其放入马弗炉中，以2 ℃/min的速度将炉温逐渐升至400 ℃并保温6 h，提高介孔TiO_2的结晶度。

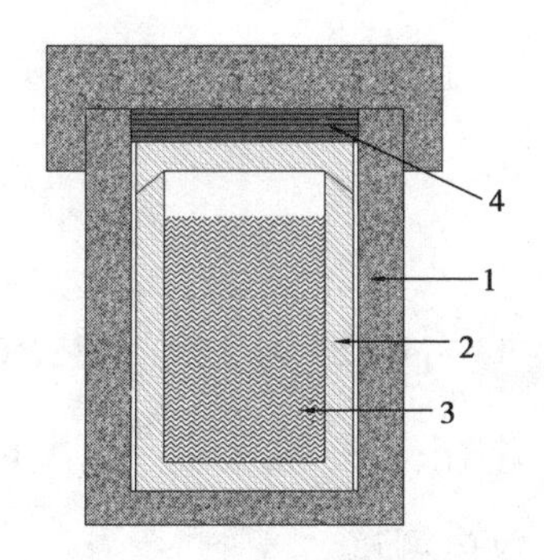

图5.1 聚四氟乙烯衬里水热反应釜示意图

1—不锈钢外套；2—PTFE罐；3—水热反应体系；4—PTFE垫片

采用溶剂转化法制备S/TiO_2复合物（ST），步骤如下：先将升华硫溶于二硫化碳溶剂中，将所制备的介孔TiO_2加入硫的二硫化碳溶液中，搅拌至溶剂完全挥发，再在60 ℃的真空干燥箱中干燥3 h即可。

5.2.3 材料的结构和形貌表征

介孔材料TiO_2的氮气吸附/脱附曲线采用全自动比表面物理吸附仪（美国MICRO MERITICS公司，ASAP 2002-M型）测定，其比表面积的测定采用Brunauer-Emmett-Teller（BET）法。样品的孔体积通过在相对压强为0.99下氮气的吸附量来计算。采用Quanta 200扫描电子显微镜（SEM，荷兰FEI公司）和透射电镜（TEM，日本电子公司JEM-100CXII）观察样品的形貌。用X射线粉末衍射仪（XRD，日本理学D/MAX-RB）分析样品的物相。

5.2.4 锂硫电池的组装及电化学性能测试

（1）正极的制备

按质量比5∶4∶1，分别称取一定量的升华硫（化学纯）、乙炔黑和聚四氟乙烯（PTFE），放入小烧杯中（ST复合电极中S∶TiO_2∶C∶PTFE = 5∶2.5∶4∶1），用玻璃棒搅拌均匀，滴加适量的异丙醇，再次搅拌均匀后在擀膜机上制成膜。将该膜置于60 ℃下的真空干燥箱中干燥3 h后取出，截取大小一致的圆形膜片，称取质量后，在压片机上将膜片用18 MPa的压力压在大小一致的不锈钢网上，制成硫正极，再放入真空干燥箱中在60 ℃下干燥3 h后备用。

(2)负极锂的预处理

在手套箱中先配制含质量分数均为2%的B15C5的电解液LiTFSI/DOL+DME (1∶1, *w/w*)，再将锂片完全浸没于其中，5 min后取出，吹干备用。

(3)锂硫电池的组装及充放电测试

在充满氩气的手套箱(MB200B型，M. Braun GmbH, Germany)中，以上述制备好的硫电极作正极，Celgard 2400微孔膜为隔膜，锂电极作负极，组装成扣式锂硫电池(CR2016型)，用塑料袋密封好后取出，迅速在电池封装机上封装。采用蓝电电池测试系统(Land, China)对上述封装好的扣式锂硫电池进行恒流充放电测试，充放电截止电压为1.5~3 V。若无特殊说明，充放电电流密度均为300 mA/g。

5.3 结果与讨论

5.3.1 S/TiO_2复合物的结构及形貌特征

图5.2给出了所合成的TiO_2样品、升华硫(SS)、S/TiO_2复合物(ST)的XRD图。如图所示，所合成的TiO_2衍射峰表现为纯净的锐钛矿型TiO_2(JCPDS, No.21-1272)，图上无任何杂质峰。升华硫为斜方晶系，S/TiO_2复合物的衍射峰与升华硫的特征峰基本一致，只是在$2\theta=25°$处出现了TiO_2的特征峰，且峰型较SS宽，强度较SS弱。说明S/TiO_2复合物中硫的颗粒可能比升华硫小。

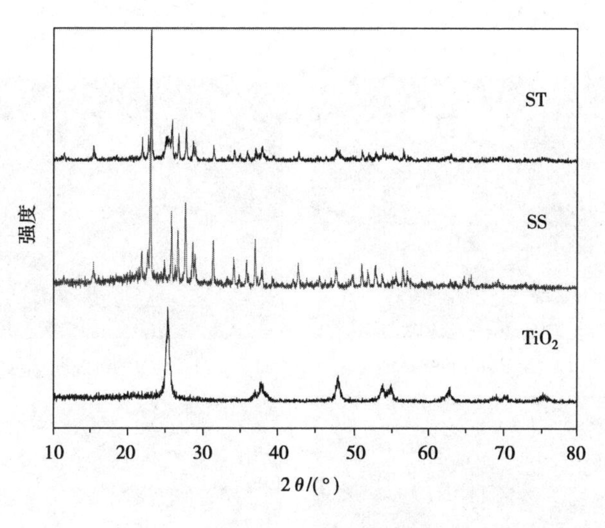

图5.2　样品的XRD图

图5.3所示为样品的SEM图和TEM图。从图5.3(a)可看出,升华硫的形状较不规则,颗粒分布也不均匀,粒径为1~20 μm。由图5.3(b)可知,TiO_2大多为球形颗粒,但出现团聚现象,颗粒分布比升华硫更均匀,二次颗粒粒径为1~3 μm。对比图5.3(d)中TiO_2的TEM图可知,一次颗粒粒径基本在10 nm左右,且表现为无序的介孔结构,这些介孔有可能是纳米颗粒堆积而成的。对比图5.3(a)与图5.3(c)可知,S/TiO_2复合物的颗粒较升华硫更小,颗粒分布更均匀,粒径为1~8 μm。

研究表明,介孔结构有利于改善材料的电化学性能,由图5.3(d)可知,我们以CTAB为模板合成的TiO_2有无序的介孔结构。

为研究TiO_2的介孔特征,我们进一步测试了其比表面积、孔体积和孔径分布。图5.4给出了TiO_2的氮气脱附/吸附曲线。由图可知,在P/P^0 = 0.5~1.0处存在一个滞后环,为典型的第Ⅳ类曲线(IUPAC法),进一步证明所合成的TiO_2材料的确存在介孔结构。插图给出了TiO_2样品的孔径分布图,孔径为2~30 nm。另外,采用BET法得到所合成的介孔TiO_2的比表面积为111.5 m^2/g,采用BJH法算出TiO_2的孔体积约为0.30 cm^3/g,可见所合成的TiO_2具有介孔结构和较大的比表面积,这些特征均有利于加强对硫及多硫化锂的吸附作用,减缓活性物质的溶解流失。

(a) SS的SEM图 (b) TiO_2的SEM图

(c) ST复合物的SEM图 (d) TiO_2的TEM图

图 5.3 样品的 SEM 图和 TEM 图

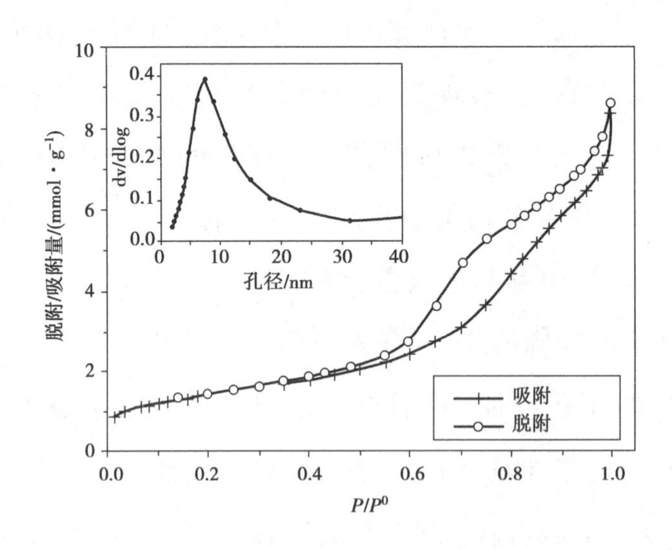

图 5.4 TiO_2 的 N_2 脱附/吸附曲线(其中的插图为吸附曲线对应的孔径分布图)

5.3.2 S/TiO_2 复合物的电化学性能

图 5.5(a)分别给出了以升华硫、S/TiO_2 复合物作正极的锂硫电池的循

环曲线。由图可知,以升华硫作正极的锂硫电池的第1次循环和第40次循环的放电比容量分别为1 094.1,515.1 mAh/g,前40次循环的容量保持率为47.1%;以复合物S/TiO_2作正极的锂硫电池的第1次循环和第40次循环的放电比容量分别为1 199.6,579.1 mAh/g,前40次循环的容量保持率为48.3%。通过对比我们可得出,用S/TiO_2复合物作正极的锂硫电池的循环性能较好,但改善效果一般。其原因可能是:用BJH法估算出所合成的TiO_2的孔体积为0.30 cm^3/g,以此推算,1 g介孔TiO_2最多能容纳0.55 g硫,但我们的实验中两者的实际质量之比为1∶2(以硫的密度为1.82 g/cm^3来计算)[7],这意味着只有少部分硫进入到TiO_2的介孔结构中。另外,我们合成的TiO_2的比表面积尽管较大,但它是半导体,其导电性远没有导电碳好,这势必会引起S/TiO_2复合物整体导电性变差,因此可尝试先在TiO_2介孔内嵌入适量的导电性更好的碳后,再与硫复合,获得三层复合结构来进一步改善锂硫电池的电化学性能。

图5.5(a)还给出了以预处理后锂片作负极,S/TiO_2复合物作正极组成的锂硫电池的充放电循环曲线(负极锂先在含质量分数为2%的B15C5的电解液中预处理5 min)。由图可知,该电池的第1次循环和第40次循环的放电比容量分别为1 200.1,756 mAh/g,前40次循环的容量保持率为63%。对比可知,同时改进锂硫电池的正负极能有效提高电池的循环性能。

图5.5(b)给出了三者的库仑效率对比图。由图可知,以SS为正极的电池的第1次循环和第40次循环的库仑效率分别为78.8%,68%,前40次循环的平均库仑效率为70%;以S/TiO_2复合物为正极的电池的第1次循环和第40次循环的库仑效率分别为74.1%,72%,前40次循环的平均库仑效率提高到了72%,说明S/TiO_2复合物虽然不能将溶解的多硫化锂充分限制在介孔中,但还是可以在一定程度上减少硫的损失;而用B15C5对负极锂进行预处理后,S/TiO_2复合电极的第1次循环的库仑效率提高到了

88.6%,前40次循环的平均库仑效率也提高到了89%。由此可知,结合对正极硫的复合改性和负极锂的预处理,能较好地抑制硫的溶解损失,从而提高锂硫电池的库仑效率。

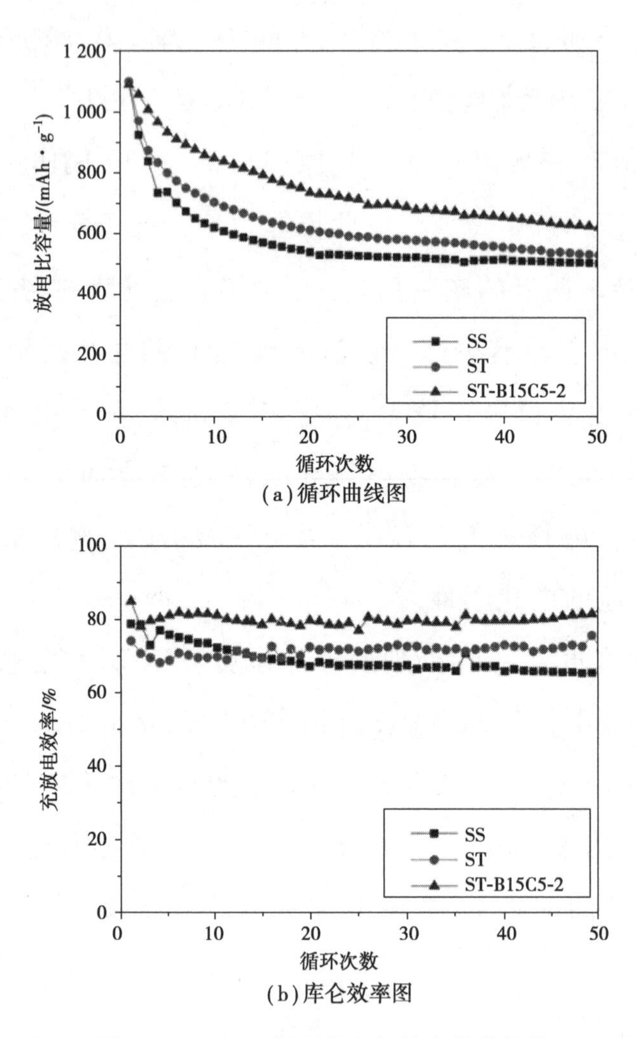

(a)循环曲线图

(b)库仑效率图

图5.5　S/TiO2复合物正极的电化学性能

综上可知,采用TiO_2对硫复合后,能在一定程度上改善锂硫电池的循环性及库仑效率,但由于TiO_2的孔容有限,不能完全限制硫的溶解损失,改善效果一般。但结合对正极硫的复合改性和负极锂的预处理,能较好地抑制硫的溶解损失,从而提高锂硫电池的库仑效率。其原因如第4章所述,B15C5能通过络合或吸附作用在锂表面形成一层均匀致密且孔穴大小合适的保护膜，该膜既能保证锂离子的正常进出，又能有效阻止多硫化物与锂的反应。虽然 S/TiO_2 复合物的循环性能并不明显，但它对硫的氧化还原能否产生一定的催化效应呢？为此，我们进一步对比研究了以硫电极和 S/TiO_2 复合物电极为正极的锂硫电池的第 1 次循环的放电曲线。

图 5.6 给出了以升华硫（SS）和 S/TiO_2 复合物（ST）作正极的锂硫电池的第 1 次循环的放电曲线。从图中我们可以看出以 ST 作正极的锂硫电池的放电曲线上有 3 个放电平台：第一个放电平台位于 2.2～2.3 V，对应长链多硫化锂（Li_2S_n，$n \geqslant 4$）的生成；第二个放电平台位于 1.9～2.1 V，对应短链多硫化锂（Li_2S_n，$n < 4$）与硫化锂的生成；第三个放电平台较短，该平台在 1.7 V 左右，可能对应锐钛矿型 TiO_2 的还原。与以 SS 作正极的锂硫电池相比，以 ST 作正极的锂硫电池的放电曲线上多了一个 1.7 V 的放电平台，且每一个放电平台比对应的用 SS 作正极的放电平台要高，且第二个放电平台（1.9～2.1 V）略有延长。鉴于 SS 电极和 ST 电极中 S 和 C 的质量比均为 5∶4，上述差异可能是介孔材料 TiO_2 的正面影响。

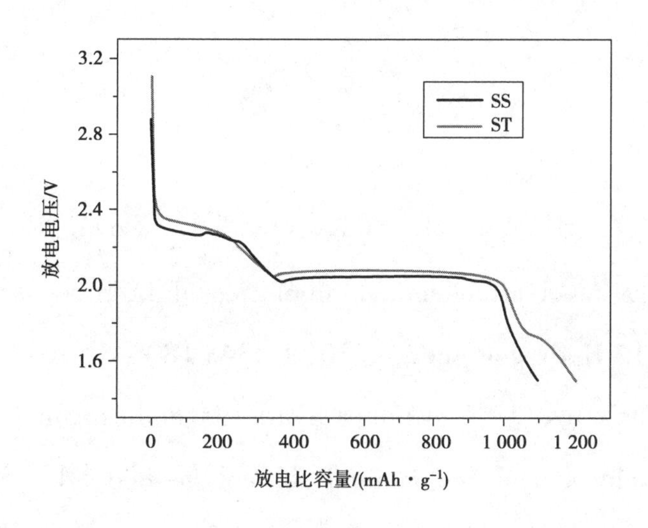

图 5.6　以 SS 和 ST 作正极的锂硫电池第 1 次循环的放电曲线

5.4 结 论

本章综合利用对正极硫材料的复合和对负极锂的保护来改善锂硫电池的电化学性能，得出以下结论：

①以 CTAB 为模板采用水热法能制出介孔 TiO_2，利用介孔材料金属氧化物对硫的吸附和催化作用，对硫正极进行改性，在一定程度上改善了锂硫电池的循环性能，但由于 TiO_2 的孔容和导电性有限，改善效果一般。

②结合介孔 TiO_2 对正极活性物质硫的吸附和催化作用与冠醚对负极锂的保护作用，采用 S/TiO_2 复合物作正极，采用经含 B15C5 的电解液预处理的锂片作负极，组装锂硫电池，能显著提高电池的放电比容量和循环性能。

参考文献

[1] Y. Zhang, X. B. Wu, H. Feng, et al. C. Dong. Effect of nanosized $Mg_{0.8}Cu_{0.2}O$ on electrochemical properties of Li/S rechargeable batteries [J]. Int. J. Hydrogen energy, 2009, 34(18): 1556-1559.

[2] D. M. Antonelli, J. Y. Ying. Synthesis of hexagonally packed mesoporous TiO_2 by a modified method sol-gel method [J]. Angew. Chem. Int. Ed. Engl., 1995, 34(18): 2014-2017.

[3] L. Kavan, M. Kalba, M. Zukalova, et al. Lithium storage in nanostructured TiO_2 made by hydrothermal growt. h [J]. Chem. Mater, 2004, 16(3): 477-485.

[4] H. Chen, K. Dai, T. Y. Peng, et al. Synthesis of thermally stable mesoporous titania nanoparticles via amine surfactant-mediated templating method [J]. Mater. Chem. Phys., 2006, 96(1): 176-181.

[5] E. P. Barrett, L. G. Joyner, P. P. Halenda. The determination of pore volume and area distributions in porous substances. I. computations from nitrogen isotherms [J]. J. Am. Chem. Soc, 1951, 73 (1): 373-390.

[6] C. S. Guo, M. Ge, L. Liu, et al. Wang. Directed synthesis of mesoporous TiO_2 microspheres: catalysts and their photocatalysis for bisphenol a degradation [J]. Environ. Sci. Technol., 2010, 44 (1): 419-425.

[7] S. R. Chen, Y. P. Zhai, G. L. Xu, et al. Huang, S. G. Sun. Ordered mesoporous carbon/sulfur nanocomposite of high performances as cathode for lithium-sulfur battery [J]. Electrochim. Acta, 2011, 56: 9549-9599.

[8] C. Naudin, J. L. Bruneel, A. Chami, et al. Characterization of the lithium surface by infrared and Raman spectroscopies [J]. J. Power Sources, 2003, 124 (2): 518-525.